奇妙的地球资源

李俊◎改编

上海科学普及出版社

图书在版编目（CIP）数据

奇妙的地球资源 / 李俊改编 . -- 上海 ：上海科学普及出版社，2019
（玩转地理）
ISBN 978-7-5427-7456-9

Ⅰ．①奇⋯ Ⅱ．①李⋯ Ⅲ．①自然资源－青少年读物 Ⅳ．① X37-49

中国版本图书馆 CIP 数据核字（2019）第 033011 号

责任编辑　吴隆庆

玩转地理
奇妙的地球资源
李俊 改编

上海科学普及出版社出版发行
（上海市中山北路 832 号　邮政编码 200070）
http://www.pspsh.com

各地新华书店经销　北京兰星球彩色印刷有限公司印刷
开本 787mm×1092mm　1/16　印张 13　字数 180 千字
2019 年 4 月第 1 版　2019 年 4 月第 1 次印刷

ISBN 978-7-5427-7456-9　　定价 29.50 元

前　　言

　　宋朝诗人苏东坡在游览庐山的时候，写了一首非常出名的诗。他在诗中写道："横看成岭侧成峰，远近高低各不同。不识庐山真面目，只缘身在此山中。"

　　固然，对"横看成岭侧成峰"的庐山而言，人实在太渺小了，着实不能够真切地认识庐山。庐山对于人类来说尚且如此，那么地球呢？虽然，我们每个人都生活在地球的怀抱里，但是我们对地球的认识有多少呢？地球是怎么形成的？地球有多少宝藏？我们为什么会生活在地球上……

　　很多青少年朋友对这些问题非常感兴趣，也都思考过这些问题。或许，许多青少年朋友已经通过查阅资料等方式，找到了答案。不过，更多的青少年朋友可能还沉浸在深深的迷惑和不解之中。即便是已经找到答案的青少年朋友，也可能因为资料的零散而得不到系统的知识。

　　有鉴于此，我们组织编写了这本《奇妙的地球资源》。书中系统地解释了地球的成因、生命的起源等问题，并重点介绍了地球上蕴藏的丰富宝藏。

　　地球的成因及生命起源和地球上蕴藏的宝藏有什么关系呢？我们为什么要把它们安排在一本书里介绍呢？这是因为地球上的宝藏大多是在地球形成和演变的过程中形成。没有地球的形成和演变，自然就没有这些宝藏的存在。生命的起源和进化对地球上宝藏的形成也起到了积极的作用，而且有些生命本身就是地球上珍贵的宝藏之一，如被人们称为"地球之肺"

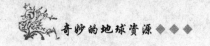

的森林。

不过，生命的起源和进化与地球宝藏最重要的关系并不在此。其实，地球上尽管蕴藏着无尽的矿产、丰富的水资源……但是这些资源只有在生命，尤其是人类出现之后，才能被称为宝藏。没有人类，这些"宝藏"便失去了意义。

但是，人类出现以后，也给地球上丰富的水资源和矿产带来了负面影响。这种影响在工业革命以后显现得尤为突出。工业革命以后，随着蒸汽机的普及，生产力得到了很大的提高。于是，人们所需的煤炭、铁矿石、木材、石油等资源越来越多，人们向地球索取的也越来越多。在这种无节制索取之下，很多资源面临着枯竭的危险或遭到了严重的破坏。人类自身也遇到了前所未有的困境。

面对困境，人们才意识到地球上的宝藏也需要呵护，也需要在利用的同时，加以节约。对地球上的各种宝藏来说，人类的觉醒是最大福音。我们也希望广大青少年朋友在阅读本书的时候，带着这种"呵护"去看待地球上的宝藏。

目 录
Contents

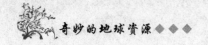

蓝色星球——地球

地球起源

地球是怎样起源的？许多人都想揭开这个谜。有人说地球是上帝创造的；有人说地球是宇宙中物质自然发展的必然结果。这两种针锋相对的意见反映了唯心主义和唯物主义两种对立的宇宙观。

唯心主义认为，地球和整个宇宙都是依神或上帝的意思创造出来的。300多年前，爱尔兰一个大主教公开宣称："地球是公元前4004年10月23日一个星期天的上午9时整被上帝创造出来的。"在中国古代，人们认为远古的时候还没有天地，宇宙间只有一团气，它迷迷茫茫、混混沌沌，谁也看不清它的底细，在18000年前，盘古一板斧劈开了天地，才有了日月星辰和大地。

上帝创造了地球和盘古开天辟地这样的说法显然站不住脚。那么，地球究

劈开天地的盘古

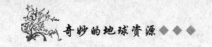

竟是如何起源的呢？要了解地球的起源，就必须了解太阳的起源，因为地球和太阳的起源是分不开的。

历史上第一个试图科学地解释地球和太阳系起源问题的是康德和拉普拉斯两位著名学者。康德是德国哲学家，拉普拉斯则是法国的数学家。他们认为太阳系是由一个庞大的旋转着的原始星云形成的。原始星云是由气体和固体微粒组成，它在自身引力作用下不断收缩。星云体中的大部分物质聚集成质量很大的原始太阳。与此同时，环绕在原始太阳周围的稀疏物质微粒旋转加快，便向原始太阳的赤道面集中，密度逐渐增大，在物质微粒间相互碰撞和吸引的作用下渐渐形成团块，大团块再吸引小团块就形成了行星。行星周围的物质按同样的过程形成了卫星。这就是康德—拉普拉斯"星云说"。

"星云说"认为地球不是上帝创造的，也不是在某种巧合或偶然中产生的，而是自然界矛盾发展的必然结果。恩格斯曾高度赞扬了康德的"星云说"。他指出"康德关于目前所有的天体都从旋转的星云团产生的学说，是自哥白尼以来天文学取得的最大进步。认为自然界在时间上没有任何历史的观念，第一次被动摇了。"

德国哲学家康德

然而，由于历史条件的限制，这个"星云说"也存在一些问题，但它认为整个太阳系包括太阳本身在内，是由同一个星云主要是通过万有引力作用而逐渐形成的这个根本论点，在今天看来仍然是正确的。

关于地球和太阳系起源还有许多假说，如，碰撞说、潮汐说、大爆炸宇宙说等等。自20世纪50年代以来，这些假说受到越来越多的人质疑，

"星云说"又跃居统治地位。国内外的许多天文学家对地球和太阳系的起源不仅进行了一般理论上的定性分析,还定量地、较详细地论述了行星的形成过程,他们都认为地球和太阳系的起源是原始星云演化的结果。

我国著名天文学家戴文赛认为,在50亿年之前,宇宙中有一个比太阳大几倍的大星云。这个大星云一方面在万有引力作用下逐渐收缩,另外,在星云内部出现许多湍涡流。于是大星云逐渐碎裂为许多小星云,其中之一就是太阳系前身,称之为"原始星云",也叫"太阳星云"。由于原始星云是在湍涡流中形成的,因此它一开始就不停地旋转。

原始星云在万有引力作用下继续收缩,同时旋转加快,形状变得越来越扁,逐渐在赤道面上形成一个"星云盘"。组成星云盘的物质可分为"土物质""水物质""气物质"。这些物质在万有引力作用下,又不断收缩和聚集,形成许多"星子"。星子不断吸积、吞并,中心部分形成原始太阳,在原始太阳周围形成了"行星胎"。原始太阳和行星胎进一步演化,而形成太阳和八大行星,进而形成整个太阳系。我们居住的地球,就是八大行星之一。这就是现代"星云说"。

除"星云说"以外,苏联科学家施密特的"陨石说"也产生了很大的影响。施密特根据银河系的自转和陨石星体的轨道是椭圆的理论,认为太阳系星体轨道是一致的,因此陨星体也应是太阳系成员。1944年,施密特提出了"陨石说"的假说:在遥远的古代,太阳系中只存在一个孤独的恒星——原始太阳,在银河系广阔的天际沿自己轨道运行。在

原始星云的高速旋转

大约70亿~60亿年前,当它穿过巨大的黑暗星云时,便和密集的陨石颗粒、尘埃质点相遇,它便开始用引力把大部分物质捕获过来。其中一部分

与它结合，而另一些按力学的规律，聚集起来围绕着它运转，及至走出黑暗星云。这时这个旅行者不再是一个孤星了。它在运行中不断吸收宇宙中陨体和尘埃团，由于数不清的尘埃和陨石质点相互碰撞，于是便使尘埃和陨石质点相互焊接起来，大的吸小的，体积逐渐增大，最后形成几个庞大行星。行星在发展中又以同样方式捕获物质，形成卫星。

这就是施密特的"陨石说"。根据这一学说，地球在天文期大约有两个阶段：

（1）行星萌芽阶段，即星际物质（尘埃，硕体）围绕太阳相互碰撞，开始形成地球的时期。

（2）行星逐渐形成阶段。在这一阶段中，地球形体基本形成，重力作用相当显著，地壳外部空间保持着原始大气。由于放射性蜕变释热，内部温度产生分异，重的物质向地心集中，又因为地球物质不均匀分布，引起地球外部轮廓及结构发生变化，亦即地壳运动形成，伴随灼热融浆溢出，形成岩侵入活动和火山喷发活动。从第二阶段起，地球发展由天文期进入地质时期。

现在，我们知道了地球是如何形成的。那么，地球从形成到现在有多少年了呢？从远古时期开始，人类就一直在苦苦思索着这个问题。

玛雅人把公元前 3114 年 8 月 13 日奉为"创世日"；犹太教说"创世"是在公元前 3760 年；英国圣公会的一个大主教推算"创世"时间是公元前 4004 年 10 月的一个星期日；希腊正教会的神学家把"创世日"提前到了公元前 5508 年。著名的科学家牛顿则根据《圣经》推算地球有 6000 多岁。而我们中华民族的想象则更大胆，神话故事"盘古开天地"中说：宇宙初始犹如一个大鸡蛋，盘古在黑暗混沌的蛋中睡了 18000 年。他一觉醒来，便用斧劈开了天地。就这样，又过了 18000 年，天地便形成了。

即便以"盘古开天地"的日子作为地球诞生之日，那么，它离地球的实际年龄 46 亿年仍是差之甚远。那么，人们是用什么科学方法推算地球年龄的呢？那就是天然计时器。

最初，人们把海洋中积累的盐分作为天然计时器。认为海中的盐来自大陆的河流，便用每年全球河流带入海中的盐分的数量，去除海中盐分的总量，算出现在海水盐分总量共积累了多少年，就是地球的年龄。结果，人们得出的数据是 1 亿年。显然，这个方法并不能计算出地球的年龄。

于是，人们又在海洋中找到另一种计时器——海洋沉积物。据估计，每 3000～10000 年，海洋里可以堆积 1 米厚的沉积岩。地球上的沉积岩最厚的地方约 100 千米，由此推算，地球年龄约在 3 亿～10 亿年。这种方法忽略了在有这种沉积作用之前地球早已形成。所以，结果还是不正确。

几经波折，人们终于找到一种稳定可靠的天然计时器——地球内放射性元素和它蜕变生成的同位素。放射性元素裂变时，不受外界条件变化的影响。如原子量为 238 的放射性元素——铀，每经 45 亿年左右的裂变，就会失去原来质量的 1/2，蜕变成铅和氧。科学家根据岩石中现存的铀量和铅量，就可以算出岩石的年龄了。

地壳是岩石组成的，于是又可得知地壳的年龄是 30 多亿年。岩石的年龄加上地壳形成前地球所经历的一段熔融状态时期，就是地球的年龄了。科学家据此测算出地球约 46 亿岁。

今天，通过天文观测以及星际的宇宙航行，特别是射电天文望远镜的日趋完善，人们对地球和太阳系起源的认识已经达到了相当深的程度，但是这种认识还很不完善，仍然存在着许多疑点和问题，有待我们进一步去探测和研究。

从太空看到的地球

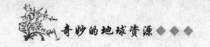

生命起源

对于生命起源的问题，很早就有各种不同的解释。近几十年来，人们根据现代自然科学的新成就，对于生命起源的问题进行了综合研究，取得了很大的进展。

根据科学的推算，地球从诞生到现在，大约有46亿年的历史。早期的地球是炽热的，地球上的一切元素都呈气体状态，那时候是绝对不会有生命存在的。最初的生命是在地球温度下降以后，在极其漫长的时间内，由非生命物质经过极其复杂的化学过程，一步一步地演变而成的。

这种化学过程是怎样的呢？其实，它就是大气中的有机元素氢、碳、氮、氧、硫、磷等在自然界各种能源（如闪电、紫外线、宇宙线、火山喷发等等）的作用下，合成有机分子（如甲烷、二氧化碳、一氧化碳、水、硫化氢、氨、磷酸等等）。这些有机分子进一步合成，变成生物单体（如氨基酸、糖、腺苷和核甙酸等）。这些生物单体进一步聚合作用变成生物聚合物，如蛋白质、多糖、核酸等。这一段过程叫做化学演化。

火山喷发

蛋白质出现后，最简单的生命也随着诞生了。这是发生在距今大约36亿年前的一件大事。从此，地球上就开始有生命了。

生命与非生命物质的最基本区别是：生命物质能从环境中吸收自己生活过程中所需要的物质，排放出自己生活过程中不需要的物质。这种过程叫做新陈代谢，这是第一个区别。

第二个区别是能繁殖后代。任何有生命的个体，不管它们的繁殖形式有如何的不同，它们都具有繁殖新个体的本领。

第三个区别是有遗传的能力。能把上一代生命个体的特性传递给下一代，使下一代的新个体能够与上一代个体具有相同或者大致相同的特性。这个大致相同的现象最有意义，最值得我们注意。因为这说明它多少有一点与上一代不一样的特点，这种与上一代不一样的特点叫变异。这种变异的特性如果能够适应环境而生存，它就会一代又一代地把这种变异的特性加强并成为新个体所固有的特征。生物体不断地变异，不断地遗传，年长月久，周而复始，具有新特征的新个体也就不断地出现，使生物体不断地由简单变复杂，构成了生物体的系统演化。

目前，这种关于生命起源是通过化学进化过程的说法已经为广大学者所承认，并认为这个化学进化过程可以分为下列四个阶段。

第一个阶段：从无机小分子物质生成有机小分子物质。根据推测，生命起源的化学进化过程是在原始地球条件下开始进行的。当时，地球表面温度已经降低，但内部温度仍然很高，火山活动极为频繁，从火山内部喷出的气体，形成了原始大气。一般认为，原始大气的主要成分有甲烷、氨、水蒸气、氢，此外还有硫化氢和氰化氢。这些气体在大自然不断产生的宇宙射线、紫外线、闪电等的作用下，就可能自然合成氨基酸、核苷酸、单糖等一系列比较简单的有机小分子物质。

后来，地球的温度进一步降低，这些有机小分子物质又随着雨水，流经湖泊和河流，最后汇集在原始海洋中。关于这方面的推测，已经得到了科学实验的证实。1935 年，美国学者米勒等人设计了一套密闭装置。他们将装置内的空气抽出，然后模拟原始地球上的大气成分，通入甲烷、氨、氢、水蒸气等气体，并模拟原始地球条件下的闪电，连续进行火花放电。最后，在 U 形管内检验出有氨基酸生成。氨基酸是组成蛋白质的基本单位，因此，探索氨基酸在地球上的产生是有重要意义的。

此外，还有一些学者模拟原始地球的大气成分，在实验室里制成了另

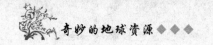

一些有机物，如嘌呤、嘧啶、核糖、脱氧核糖、脂肪酸等。这些研究表明：在生命的起源中，从无机物合成有机物的化学过程，是完全可能的。

第二个阶段：从有机小分子物质形成的有机高分子物质。蛋白质、核酸等有机高分子物质，是怎样在原始地球条件下形成的呢？有些学者认为，在原始海洋中，氨基酸、核苷酸等有机小分子物质，经过长期积累，相互作用，在适当条件下（如吸附在黏土上），通过缩合作用或聚合作用，就形成了原始的蛋白质分子和核酸分子。

现在，已经有人模拟原始地球的条件，制造出了类似蛋白质和核酸的物质。虽然这些物质与现在的蛋白质和核酸相比，还有一定差别，并且原始地球上的蛋白质和核酸的形成过程是否如此，也还不能肯定，但是，这已经为人们研究生命的起源提供了一些线索；在原始地球条件下，产生这些有机高分子的物质是可能的。

第三个阶段：从有机高分子物质组成多分子体系。根据推测，蛋白质和核酸等有机高分子物质，在海洋里越积越多，浓度不断增加，由于种种原因（如水分的蒸发，黏土的吸附作用），这些有机高分子物质经过浓缩而分离出来，它们相互作用，凝聚成小滴。这些小滴漂浮在原始海洋中，外面包有最原始的界膜，与周围的原始海洋环境分隔开，从而构成一个独立的体系，即多分子体系。这种多分子体系已经能够与外界环境进行原始的物质交换活动了。

第四个阶段：从多分子体系演变为原始生命。从多分子体系演变为原始生命，这是生命起源过程中最复杂和最有决定意义的阶段，它直接涉及原始生命的发生。目前，人们还不能在实验室里验证这一过程。不过，我们可以推测，有些多分子体

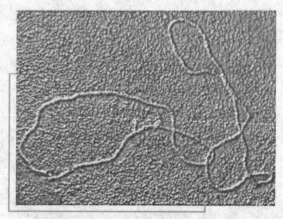

原核生物的染色体

系经过长期不断地演变，特别是由于蛋白质和核酸这两大主要成分的相互作用，终于形成具有原始新陈代谢作用和能够进行繁殖的原始生命。以后，由生命起源的化学进化阶段进入生命出现之后的生物进化阶段。

地球上最早的生命形态很简单，一个细胞就是一个个体，它没有细胞核，我们叫它为原核生物。

它是靠细胞表面直接吸收周围环境中的养料来维持生活的，这种生活方式叫做异养。当时它们的生活环境是缺乏氧气的，这种喜欢在缺乏氧气的环境中生活的叫做厌氧。因此最早的原核生物是异养厌氧的。它的形态最初是圆球形，后来变成椭圆形、弧形、江米条状的杆形进而变成螺旋状以及细长的丝状，等等。从形态变化的发展方向来看是增加身体与外界接触的表面积和增大自身的体积。现在生活在地球上的细菌和蓝藻都是属于原核生物。蓝藻的发生与发展，加速了地球上氧气含量的增加，从20多亿年前开始，不仅水中氧气含量已经很多，而且大气中氧气的含量也已经不少。

细胞核的出现，是生物界演化过程中的重大事件。原核植物经过15亿多年的演变，原来均匀分散在它的细胞里面的核物质相对地集中以后，外面包裹了一层膜，这层膜叫做核膜。细胞的核膜把膜内的核物质与膜外的细胞质分开。细胞里面的细胞核就是这样形成的。有细胞核的生物称为真核生物。从此以后细胞在繁殖分裂时不再是简单的细胞质一分为二，而且里面的细胞核也要一分为二。真核生物大约出现在20亿年前。

性别的出现是在生物界演化过程中的又一个重大的事件，因为性别促进了生物的优生，加速生物向更复杂的方向发展。因此真核的单细胞植物出现

人类的诞生

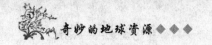

以后没有几亿年就出现了真核多细胞植物。真核多细胞的植物出现没有多久就出现了植物体的分工，植物体中有一群细胞主要是起着固定植物体的功能，成了固着的器官，也就是现代藻类植物固着器的由来。从此以后开始出现器官分化，不同功能部分其内部细胞的形态也开始分化。由此可见，细胞核和性别出现以后，大大地加速了生物本身形态和功能的发展。

细胞核和性别出现以后，生物体也变得复杂和完善起来。地球上的生命就这样在漫长的时间里不断进化着。终于，在大约 300 万年前，人类诞生了。

人类的诞生是地球上的一件大事。从此以后，人类便开始了对地球以及自身的探索，地球上各种宝藏的存在也变得极其有意义了。

地球的结构

地球是一个由不同状态与不同物质的同心圈层所组成的球体。这些圈层可以分成内部圈层与外部圈层。

地球的外部圈层包括大气圈、水圈和生物圈。地球的内部圈层指从地面往下直到地球中心的各个圈层，包括地壳、地幔和地核。

大气圈

从地表到 16000 千米高空都存在气体或基本粒子，总质量达 5×10^{15} 吨，占地球总质量的 0.00009%。主要成分氮占 78%；氧占 21%；其他是二氧化碳、水汽、惰性气体、尘埃等，占 1%。

地球的表面为什么形成大气圈，这是与地球的形成和演化分不开的。地球在其形成和演化的过程中，总是要分异出一些较轻的物质，轻的物质上升，积少成多形成大气圈。我国古代也有这样的话："混沌初开，乾坤始奠，轻清者上升为天，重浊者下沉为地。"其实，这就是讲的物质分异作用。上升的气体为什么不会从地球的表面跑到宇宙空间中，其主要原因是地球的引力把大气物质给拉住了，形成一个同心状的大气圈。

物体脱离地球的临界速度是 11.2 千米/秒，尽管气体物质很轻，其运动速度也很快，如氧分子的运动速度是 0.5 千米/秒，氢分子的运动速度是 2 千米/秒，但这种速度并不能使气体物质脱离地球的引力场。只有一部分氢和氦，在宇宙射线作用下可以被激发，产生很高的速度而跑掉。

地球大气圈成分是随着时间而变化的。当初大气中的二氧化碳可能达到百分之几十，大约在 3 亿年前，由于植物大规模繁盛，才演化成接近现今的大气成分，目前大气中的二氧化碳只有 0.046%。大约在 1 亿年前，大气的温度才接近现今的温度。

大气圈是地球的重要组成部分，并有重要的作用：

（1）大气可以供给地球上生物生活所必需的碳、氢、氧、氮等元素。

（2）大气可以保护生物的生长，使其避免受到宇宙射线的危害。

（3）防止地球表面温度发生剧烈的变化和水分的散失，如果没有大气圈，地球上将不会存在水分。

（4）一切天气的变化，如风、雨、雪、雹等都发生在大气圈中。

（5）大气是地质作用的重要因素。

（6）大气与人类的生存和发展关系密切。大气容易遭受污染，大气环境的质量直接关系着人类健康。

水 圈

水圈主要是呈液态及固态出现的。它包括海洋、江河、湖泊、冰川、地下水等，形成一个连续而不规则的圈层。水圈的质量为 1.41×10^{18} 吨，占地球总质量 0.024%，比大气圈的质量大得多，但与其他圈层相比，还是相当的小。其中海水占 97.22%，陆地水（包括江河、湖泊、冰川、地下水）只占 2.78%；而在陆地水中冰川占水圈总质量的 2.2%，所以其他陆地水所占比重是很微小的。此外，水分在大气中有一部分；在生物体内有一部分，生物体的 3/4 是由水组成的；在地下的岩石与土壤中也有一部分。可见，水

浩瀚的海洋

圈是独立存在的，但又是和其他圈层互相渗透的。

地球上的原生水，是地球物质分异的产物。目前火山喷发常有大量水汽从地下喷出便是证明。如 1976 年阿拉斯加的奥古斯丁火山喷发，一次喷出水汽即达 5×10^6 千克。当然地球上的水圈是逐渐演化而成的。

水圈是地球构成有机界的组成部分，对地球的发展和人类生存有很重要的作用：

（1）水圈是生命的起源地，没有水也就没有生命。

（2）水是多种物质的储藏床。

（3）水是改造与塑造地球面貌的重要动力。

（4）水是最重要的物质资源与能量资源，水资源的多寡和水质的优劣直接关系着经济发展与人类生存。

生物圈

目前，世界上已知的动物、植物大约有 250 万种，其中动物占 200 万种左右，植物大约占34万种，微生物大约有3.7万种。整个生物圈的质量并不大，仅仅是大气圈质量的1/300，但它起到的作用却是很大的。生物圈具有相当的厚度。绿色植物的分布极限大约是海拔6200米。根据资料，在33000米高空还发现有孢子及细菌。

总的来讲，生物圈包括大气圈的下层，岩石圈的上层和整个水圈，最大厚度可达数万米。但是其核心部分为地表以上100米，水下100米，也就是说大气与地面、大气与水面的交接部位是生物最活跃的区域，其厚度约为200米，因为在这个范围内具有适于生物生存的温度、水分和阳光等最好的条件。

地 壳

地壳是地球表面上的固体硬壳，属于岩石圈的上部。地壳主要由硅酸盐类岩石组成，它的质量为 5×10^{19} 吨，约占地球质量的0.8%，体积占整个地球体积的0.5%。

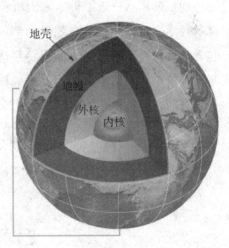

地球内部圈层

地壳中含有元素周期表中所列的绝大部分元素，而其中氧、锶、铝、铁、钙、钠、钾、镁等8种主要元素占98%以上，其他元素共占1% ~2%。组成地壳的各种元素并非孤立存在，大多数情况是相关元素化合形成各种矿物，其中以氧、锶、铝、铁、钙、钠、钾、镁等组成的硅酸盐矿物为最多，其次为各种氧化物、硫化物、碳酸盐等。这些矿物是地球宝藏的一部分。各种不同矿物，特别是硅酸盐类又组成各种岩石，所以说地壳是岩石圈的一部分。地壳的厚度大致为地球半径的1/400，但各处厚度不一，大陆部分平均厚度37千米，而海洋部分平均厚度则只有约7千米。一般说来，高山、高原部分地壳最厚，如我国青藏高原地壳最厚可达70千米。

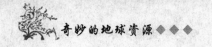

地幔和地核

地幔指地球莫霍面以下到古登堡面以上的圈层。深度为从地壳底界到2900千米，其体积占地球总体积的82%，质量为 4.05×10^{21} 吨，占地球总质量的67.8%。地幔下部的物质密度接近于地球的平均密度，压力随深度而增加，温度也随深度缓慢增加。

地核位于深2900千米古登堡面以下直到地心部分称地核。据推测，地核物质非常致密，密度为9.7～13克/立方厘米，地核总质量为 1.88×10^{21} 吨，占整个地球质量的31.5%；压力可达 3.0×10^{11} ～ 3.6×10^{11} 帕；温度为3000℃，最高可能达5000℃或稍高。

地核的形状一直是科学家们所关注的问题。最近，美国哈佛大学的地球物理学家根据地震波在地球内部传播情况的监测和分析，发现地震波在包含地球自转轴的平面方向容易穿透地核，而在与地球自转轴垂直的赤道平面则较难穿透地核，从而提出地核形状接近于圆柱体的形状，其中轴线与地球的自转轴重合。当然，这样的问题有待不断深入论证。

生命之源——水

地球上的水循环

水是生命之源。如果没有水，地球上就不会有生命存在。那么，地球上为什么会存在液态水呢？

从太空看地球，它显示着蔚蓝色，这是地球表面上的海洋的颜色。在宇宙中，到目前为止，人类只在地球上发现了液态水。而其他星球，有的在空中含有水汽，有的在极地或地下能找到冰，但它们都没有液态的水。

在地球刚刚诞生的时候，它并不是现在这个样子，它全身滚烫，表面流淌的全是炙热的岩浆，在很长一段时间里，水汽都只飘浮在空中。不过，地球和太阳的距离刚刚好，终于冷却到了合适的温度，于是，水汽变成雨点落了下来。

地球有一个独特的功能，当水汽在大气层中上升到离地球 2~8 千米的地方时，就把它们拉回地面。这样，水汽跑不掉了，回到地表的雨水也就能够逐渐积累起来，形成广阔的海洋，为生命的出现提供了可能。

在地球上，水的总量不会改变，但随时随地都会有大约 1/1000 的水成为气态在空中飘浮。在空气容纳不下的地方，它们就成为形态各异

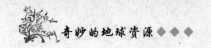

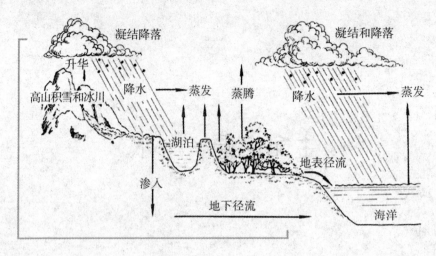

水循环

的云朵，不过，水汽并不会在一个地方停留太久。太阳的照射使水蒸发升入空中，而地球的引力又让这些水汽不断地回到地面。这个过程就是水循环。

水循环是指水由地球不同的地方通过吸收太阳带来的能量转变存在的模式到地球另一些地方，例如：地面的水分被太阳蒸发成为空气中的水蒸气。

地球上的水圈是一个永不停息的动态系统。在太阳辐射和地球引力的推动下，水在水圈内各组成部分之间不停地运动着，构成全球范围的大循环，并把各种水体连接起来，使得各种水体能够长期存在。海洋和陆地之间的水交换是这个循环的主线，意义最重大。在太阳能的作用下，海洋表面的水蒸发到大气中形成水汽，水汽随大气环流运动，一部分进入陆地上空，在一定条件下形成雨雪等降水；大气降水到达地面后转化为地下水、土壤水和地表径流，地下径流和地表径流最终又回到海洋，由此形成淡水的动态循环。这部分水容易被人类社会所利用，具有经济价值，正是我们所说的水资源。

水循环是联系的地球各圈和各种水体的"纽带"，是"调节器"，它调节了地球各圈层之间的能量，对冷暖气候变化起到了重要的因素。水循环是"雕塑家"，它通过侵蚀，搬运和堆积，塑造了丰富多彩的地表形象。水循环是"传输带"，它是地表物质迁移的强大动力和主要载体。更重要的是，通过水循环，海洋不断向陆地输送淡水，补充和更新陆地上的淡水资源，从而使水成为可再生的资源。

水循环是多环节的自然过程，全球性的水循环涉及蒸发、大气水分输送、地表水和地下水循环以及多种形式的水量贮蓄。

降水、蒸发和径流是水循环过程的三个最主要环节，这三者构成的水循环途径决定着全球的水量平衡，也决定着一个地区的水资源总量。

蒸发是水循环中最重要的环节之一。由蒸发产生的水汽进入大气并随大气活动而运动。大气中的水汽主要来自海洋，一部分还来自大陆表面的蒸散发。大气层中水汽的循环是蒸发→凝结→降水→蒸发的周而复始过程。海洋上空的水汽可被输送到陆地上空凝结降水，称为外来水汽降水；大陆上空的水汽直接凝结降水，称内部水汽降水。一地总降水量与外来水汽降水量的比值称该地的水分循环系数。全球的大气水分交换的周期为10天。在水循环中水汽输送是最活跃的环节之一。

径流是一个地区（流域）的降水量与蒸发量的差值。多年平均的大洋水量平衡方程为：蒸发量＝降水量＋径流量；多年平均的陆地水量平衡方程是：降水量＝径流量＋蒸发量。但是，无论是海洋还是陆地，降水量和蒸发量的地理分布都是不均匀的，这种差异最明显的就是不同纬度的差异。

地下水的运动主要与分子力、热力、重力及空隙性质有关，其运动是多维的。通过土壤和植被的蒸发、蒸腾向上运动成为大气水分；通过入渗向下运动可补给地下水；通过水平方向运动又可成为河湖水的一部分。地下水储量虽然很大，但却是经过长年累月甚至上千年蓄集而成的，水量交换周期很长，循环极其缓慢。地下水和地表水的相互转换是研究水量关系的主要内容之一，也是现代水资源计算的重要问题。

据估计，全球总的循环水量约为4961012立方米/年，不到全球总储水量的4/10000。在这些循环水中，约有22.4%成为陆地降水，这其中的约2/3又从陆地蒸发掉了。但总算蒸发量小于降水量，这才形成了地面径流。

水量平衡是说，在一个足够长的时期里，全球范围的总蒸发量等于总降水量。与世界大陆相比，中国年降水量偏低，但年径流系数均高，这是中国多山地形和季风气候影响所致。中国内陆区域的降水和蒸发均比世界内陆区域的平均值低，其原因是中国内陆流域地处欧亚大陆的腹地，远离海洋之故。

中国水量平衡要素组成的重要界线，是1200毫米年降水量。年降水量大于1200毫米的地区，径流量大于蒸散发量；反之，蒸散发量大于径流量，中国除东南部分地区外，绝大多数地区都是蒸散发量大于径流量。越向西北差异越大。

水量平衡要素的相互关系还表明在径流量大于蒸发量的地区，径流与降水的相关性很高，蒸散发对水量平衡的组成影响甚小。在径流量小于蒸发量的地区，蒸散发量则依降水而变化。这些规律可作为年径流建立模型的依据。另外，中国平原区

中国西北地区蒸发量要比降水量多得多

的水量平衡均为径流量小于蒸发量，说明水循环过程以垂直方向的水量交换为主。

由此可见，水循环的意义十分重大。当前，人们已经把水循环看作一个动态有序系统来研究。按系统分析，水循环的每一环节都是系统的组成成分，也是一个亚系统。各个亚系统之间又是以一定的关系互相联系的，这种联系是通过一系列的输入与输出实现的。例如，大气亚系统的输出——降水，会成为陆地流域亚系统的输入，陆地流域亚系统又通过其输出——径流，成为海洋亚系统的输入等。以上的水循环亚系统还可以细分为若干更次一级的系统。

水循环把水圈中的所有水体都联系在一起，它直接涉及自然界中一系列物理的、化学的和生物的过程。水循环对于人类社会及生产活动有着重要的意义。水循环的存在，使人类赖以生存的水资源得到不断更新，成为一种再生资源，可以永久使用；使各个地区的气温、湿度等不断得到调整。此外，人类的活动也在一定的空间和一定尺度上影响着水循环。研究水循环与人类的相互作用和相互关系，对于合理开发水资源、管理水资源，并进而改造大自然具有深远的意义。

世界水资源分布

什么是水资源呢？从广义上说，水圈中的水对人类都有着直接或间接的利用价值，都可以视为水资源。但就目前的技术、经济条件而言，对含盐量较高的海水、分布在极地和高山、高原的冰川，以及埋藏在地下较大深度的地下水，还无法进行大规模的开发和利用。因此，通常所说的水资源是指陆地上可供人类生产、生活直接利用的地表淡水和埋藏较浅的地下淡水资源。

地球上的水体总量约有 1.36×10^{10} 立方千米，其中97.22%为海水，而淡水仅占2.78%，约 3.78×10^7 立方千米。淡水中又有77.14%，约 2.918×10^7 立方千米为固态的冰，而可供人类直接利用，占人类用水总量4/5的河水仅占淡水的0.003%，地球总水量的0.0001%。就人类可利用的淡水资源而言，人均可达 5×10^6 升，完全可以满足人类对水的需要。问题的关键不是水量不够，而是水资

冰雪覆盖下的南极

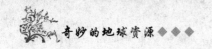

源在区域分布上的不平衡，导致某些地区缺水出现水荒，某些地区水过多出现水灾，而另一些更为不幸的地区则受到水荒和水灾的双重威胁。

地球上淡水储量最大的是南极。可惜的是目前人们还没有办法利用这部分淡水。南极洲面积有1400万平方千米，95%以上的面积常年被冰雪覆盖，形成一巨大而厚实的冰盖，它的平均厚度达2450米，冰雪总量约2700万立方千米，占全球冰雪总量的90%以上，储存了全世界可用淡水的72%。有人估算，这一淡水量可供全人类用7500年。因此，南极洲是人类最大的淡水资源库，而且其冰盖是在1000万年前形成的，没有受到任何污染，水质极好。如果用南极冰盖的冰制成饮料，毫不夸张地说，它是世界上特等的纯净饮料。

1986年10月在日本东京召开第八届南极矿产资源会议时，好客的日本国立极地研究所所长松田达郎先生就曾用南极冰招待贵宾。客人们，包括各国外交官饮后，全都赞不绝口。因为，南极冰不仅清纯甘冽，而且它在杯内溶解时，冰晶体中的气泡溢出会发出清脆的响声，美妙悦耳。

除了南极大陆的冰盖以外，南极大陆四周的海冰数量也相当可观。据美国国家科学基金会资料报道，在南极隆冬季节，海冰面积可达2000万平方千米，在夏季，虽然海冰面积大量向南退缩，也可达500万平方千米。南极冰盖由于受重力作用和大陆地形坡度的影响，不断从大陆内部向沿海流动，最后崩裂，坠入大海的冰层，成为漂浮的冰山。据估算，每年从南极大陆崩裂入海的冰山和冰块量达14000多亿吨，体积约1200立方千米。即使把这些冰山的10%拖运到干旱地区，也足以浇灌1000万公顷的农田，或者供5亿人口的用水。因此，这不仅对那些干旱缺水的国家有很大的吸引力，甚至连美国这样淡水资源相当丰富的国家也对开发南极淡水资源很感兴趣。

漂浮在南大洋上的冰山总量约22万座，总体积约18000立方千米。有记录的世界最大的冰山，其面积有30000多平方千米，长333千米，宽96千米，比整个比利时还大。这座冰山是1956年11月12日美国"冰川"号船在南太平洋斯科特岛以西240千米处观察到的。所以，南极的海冰和冰山也是相当可观的淡水资源。

对于可以利用的水资源，人们一般采用地表径流量和部分积极参与水循环的地下水径流量来衡量水资源量的多少。

地球上，年径流量最大的区域位于赤道附近的热带地区，年径流量在1000毫米以上。亚洲的东南部、欧洲西北部沿海、北美洲西北部沿海年径流量也很高，在 600 毫米以上，有的地方甚至可达 1000 多毫米。而在受副热带高气压控制的地区、雨影区、大陆内部（特别是亚洲大陆内部），年径流量很小，尚不足 50 毫米。

赤道附近的热带风光

目前，人均占有水资源量的地区不平衡状况十分严重。例如，北美洲河流年平均流量为 5946 立方千米，亚洲为 13200 立方千米，但北美洲的人口仅占世界总人口的 4.8%，而亚洲人口却占世界总人口的 60.4%，且亚洲人口倍增的时间要比北美洲短 1/2 以上。水资源地域分布不均及其不稳定性是世界上许多国家水资源短缺的根本原因。

1996 年 5 月，在纽约召开的"第三届自然资源委员会"上，联合国开发支持和管理服务部对 153 个国家（占世界人口的 98.93%）的水资源，采用人均占有水资源量、人均国民经济总产值、人均取（用）水量等指标进行综合分析，将世界各国分为四类，即水资源丰富国、水资源脆弱国、水资源紧缺国、水资源贫乏国。按此种评价法目前世界上有 53 个国家和地区（占全球陆地面积的 60%）缺水。其中包括：西班牙、意大利南部、达尔马提尼亚沿岸、希腊、土耳其、阿拉伯国家（叙利亚除外）、伊朗大部分地区、巴基斯坦、印度西部、日本、朝鲜、澳大利亚、新西兰的西部地区和

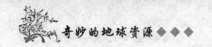

南部地带、西北非和西南非沿岸、巴拿马、墨西哥北部、智利中部和美国西南部、中国。

目前的趋势和预测已经表明，水危机已经成为几乎所有干旱和半干旱国家普遍存在的问题。联合国发表的《世界水资源综合评估报告》预测结果表明，到 2025 年，全世界人口将增加至 83 亿，生活在水源紧张和经常缺水国家的人数，将从 1990 年的 3 亿增加到 2025 年的 30 亿，后者为前者的 10 倍，第三世界国家的城市面积也将大幅度增加，除非更有效地利用淡水资源、控制对江河湖泊的污染，更有效地利用净化后的水，否则，全世界将有 1/3 的人口遭受中高度到高度缺水的压力。

中国是一个水资源短缺、水旱灾害频繁的国家，如果按水资源总量考虑，水资源总量居世界第六位，但是我国人口众多，若按人均水资源量计算，人均占有量只有 2500 立方米，约为世界人均水量的 1/4，在世界排第 110 位，已经被联合国列为 13 个贫水国家之一。全国年降水总量为 61889 亿立方米，多年平均地表水资源（即河川径流量）为 127115 亿立方米，平均地下水资源量为 8288 亿立方米，扣除重复利用量以后，全国平均年水资源总量为 28124 亿立方米。应该指出的是，我国水资源南北差异较大，形成了南方水多，北方水少的格局。

水资源是水资源量与水质的高度统一，在一特定的区域内，可用水资源的多少并不完全取决于水资源数量，而且取决于水资源质量。质量的好坏直接关系到水资源功能，决定着水资源用途，例如，优质矿泉水具有良好的水质、多方面的功能，有较高价值，与此相反，严重

中国北方干涸的河流

污染的污水不仅没有任何使用价值，而且能够给人带来各种危害（破坏景

观、影响健康、带来各种经济损失等）。因此，在研究水资源时，水质是非常重要的，是决不能忽略的，只考虑水量或者水质的做法都是不科学的，必须予以纠正。

多年来，我国水资源质量不断下降，水环境持续恶化，由于污染所导致的缺水和事故不断发生，不仅使工厂停产、农业减产甚至绝收，而且造成了不良的社会影响和较大的经济损失，严重地威胁了社会的可持续发展，威胁了人类的生存。

中华水塔

我国的青藏高原以其举世无双的高度被世界誉为"世界屋脊""地球的第三极"。青藏高原上的水资源极其丰富，我国著名的几条大河，如长江、黄河、澜沧江等都发源于此。

青藏高原上的水以固态为主。高原上面积大于 10 平方千米的冰川有 815 条，占已统计的冰川总条数的 1.8%，但其总面积和冰储量分别占总量的 37.6% 和 64.5%。其中面积大于 100 平方千米的有 33 条，巨大冰川的总面积和总储量分别为 6165.38 平方千米和 1475.27 立方千米，冰川在水资源总量和冰水循环中占着重要的地位，这些大冰川主要分布在喀喇昆仑山、西昆仑山、念青唐古拉山、帕米尔高原、唐古拉山和羌塘高原，共计 27 条之多。

高原内最大的冰源是藏北羌塘地区的普若冈日冰源，面积为 442.85 平方千米，最大的冰帽冰川是西昆仑山地的崇测冰川，面积约 163.06 平方千米，中国境

青藏高原上的冰川

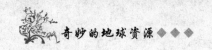

内最大的山谷冰川是喀喇昆仑山的音苏盖提冰川，长度42千米，面积379.97平方千米，冰储量115.89立方千米，高峰在克朗峰7298米，冰川末端下伸到海拔4000米。

但是，近40年来，全球变暖使中国冰川面积减少了7%。而占我国冰川面积46.7%的世界屋脊青藏高原冰川，也在以惊人的速度萎缩，其中喜马拉雅冰川目前衰减速度达到每年10~15米。一些曾经前进或稳定的冰川，也随着气候变暖加剧而转为后退。专家预测，受全球气候变暖影响，未来高原冰川的退化将更加严重，我国的一些河流因冰川融化加剧径流量大增，尤其是西北地区重要河流。

青藏高原冰川退缩开始于20世纪40年代至60年代，这一时期除少数冰川稳定或前进外，大多数冰川末端处于退缩状态，但在1965年以后后退冰川数量逐渐减少。从20世纪70年代起，后退冰川数开始超过前进冰川数。在1973年至1981年间，中科院高原研究所在对200多条冰川进退变化的统计显示，前进的冰川57条占28.5%，相对稳定的冰川68条占34%，后退的冰川为75条占37.5%。

冰川退缩，短期内使河流水量明显增加，一旦大部分冰川消亡，其下游河流就会逐渐干涸，最终导致气候干燥、陆地荒漠化等生态灾难的来临。从20世纪80年代开始西藏气温呈现明显的上升趋势，至今升幅约为0.9℃，增长率达0.47℃/10年，据此可以预测，在近期，西藏的冰川受气候的影响总的变化趋势将以后退为主。

据专家预测，到2050年，全球冬季平均气温将升高1~2℃，那时我国西部冰川面积将减少27%左右。最新研究还显示，若全球变暖趋势不变，至2070年时，青藏高原海洋性冰川面积将减少43%，到2100年将减少75%。

我们必须正视青藏高原上冰川消融的状况，因为我国诸多河流都发源于此，它是"中华水塔"。我国最长、水量最大的河流长江就发源于青藏高原的唐古拉山主峰各拉丹东西南侧。

1976年夏和1978年夏，长江流域规划办公室曾两次组织江源调查队，深入江源地区，进行了详尽的考察。考察结果证实，长江上源伸入于青藏高原腹地的昆仑山和唐古拉山之间，这里有十几条河流，其中较大的有三条，即楚玛尔河、沱沱河和当曲。这三条河中，流域面积和水量都是当曲最大，但根据"河源唯远"的原则，确定了沱沱河为长江正源。沱沱河的最上源，有东、西两支，东支发源于各拉丹冬雪山的西南侧，西支源于尕恰迪如岗雪山的西侧。东支较西支略长，故长江的最初源头应是东支。东支的上段是一条很大的冰川，冰川融水形成的涓涓细流，便是万里长江的开始。

唐古拉山是在5000米的高原上耸起来的山脉，海拔6839米。它的山顶是约5000米的准平原，面上的山脊已在雪线以上（雪线为5300米）。唐古拉山山体宽150千米以上。现在还有小规模更新世冰川残留，刃脊、角峰、冰川地形普遍，中更世形成的冰川比今天的大约28倍，准平原面上可成小片冰盖，它的两坡冰川堆积物厚达800米以上。冰川消融后，山地就急速上升。两侧则承受更多的泥沙石砾，发生地层下陷，形成近东西走向的湖区和喷出温泉。

唐古拉山藏语意为"高原上的山"，又称当拉山或当拉岭，是长江和怒江的分水岭，在国内的知名度非常高。它与喀喇昆仑山脉相连，在蒙语中意为"雄鹰飞不过去的高山"。唐古拉山西段为藏北内陆水系与外流水系的分水岭，东段则是印度洋和太平洋水系的分水岭。怒江、澜沧江和长江都发源于唐古拉山南北两麓。

传说当年成吉思汗，率领大军欲取道青藏高原进入南亚次大陆，却被唐古拉山挡住去路。恶劣的气候和高寒缺氧，致使大批人马死亡。所向披靡的成吉思汗，只能望山兴叹，败退而归。14世纪，西方世界才第一次得到了对这片高原真实与虚构的描述，探险家、传教士、登山者接踵而至。

唐古拉山不但是长江的发源地，而且是黄河和澜沧江的发源地。所以，这里的广大地区又被称为三江源。三江源地处青藏高原腹地，总面积达31万平方千米，每年向下游供水600亿立方米，长江总水量的25%、黄河总水量的 49%、澜沧江总水量的 15% 都来源于这里。这里是中国重要的生态屏障，生态地位非常重要。同时，还因为这里拥有许多特有生物种类而被誉为"物种基因库"。这里海拔 6000 米以上的雪山就有 40 多座，其中各拉丹冬雪山最高。群山连绵，白雪皑皑，在广大的冰雪覆盖区，发育了数 10 条现代冰川。

三江源地区，因海拔高，气温很低，四季如冬。7 月份的平均气温也在 0℃ 以下，只有白天在太阳的强烈辐射之下，气温才能达到 0℃ 以上，冰雪消融，河水流动。但到了夜晚，又是"千里冰封"的情景了。

三江源地区的年平均降水量在 200～400 毫米之间，85% 以上的降水集中在 5～9 月，而且以降雪为主。根据气象统计资料，沱沱河沿多年平均降雪期，从 8 月 16 日开始至次年的 8 月 1 日结束，长达 350 天之多。长江中下游的 7 月往往是降滂沱大雨，而沱沱河却下鹅毛大雪。

三江源自然保护区

近年来，随着生态环境的急剧恶化，该地区水源涵养能力急剧减退，黄河上游已多次出现断流，长江、黄河流域旱涝灾害频繁、水土流失严重，已严重威胁到流域内社会经济可持续发展和人民生命财产安全。

2003 年，经国务院批准，三江源区被列为国家级自然保护区，以维护"中华水塔"乃至东南亚大部分地区"生命之源"的安全。

河流与城市文明

　　水是生命之源，而河流则是人类文明的发祥地。世界上许多著名或不著名的城市都和河流有关，河流往往与城市的兴盛和衰落有着密切的关系。翻开世界地图，众多城市依河而建，甚至每一个稍大一点的城市内部或其周围都有一条或数条较大的河流经过。一条大江或一条大河蜿蜒数百千米或上千千米，流域内均是肥沃的土地，也连接起一串珍珠般的城市。世界上许多繁华强盛的城市，往往离不开城市旁边那条著名河流的滋润。

　　伦敦的历史就是泰晤士河的历史。在都铎王朝时期，商人和工匠们已开始在泰晤士河岸聚集，人口规模达到 4 万，并开始兴建码头。当时伦敦的泰晤士河上航行着 2000 艘大大小小的船只，河道异常忙碌。到 17 世纪末，

泰晤士河从伦敦穿流而过

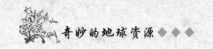

商业进一步发达，伦敦成了全世界最大的港口，泰晤士河也成了全世界最繁忙的运输河道。

莱茵河和多瑙河是欧洲的两条著名河流，这两条河流与欧洲的许多城市也有着密切的关系。莱茵河位于欧洲西部，全长1320千米，连同几条支流，构成一个密集的河道水网，连接巴塞尔、波恩、科隆、杜塞尔多夫、杜伊斯堡等著名的城市。多瑙河全长2850千米，所经流域不如莱茵河流域经济发达，主要河段在罗马尼亚、保加利亚、南斯拉夫、匈牙利、奥地利等国，但却连接了许多颇为著名的城市：维也纳、布达佩斯、贝尔格莱德、拉迪斯拉发等。

北美五大湖地区是美国和加拿大城市最为集中的地区之一，这里集聚了美国的芝加哥、克利夫兰、底特律、布法罗，加拿大的多伦多、哈密尔顿、金斯顿等著名的城市。

最早的城市出现在河流的两岸，与城市居民需要在靠近水源的地方聚居有关，以解决饮水问题，但是很快地河流对城市的重要性就发生了变化。城市需要和乡村以及其他的城市交换商品，城市内外的人群每天都要往返于城市，于是，河流对于城市的首要功能由饮水逐渐被运输和交通所代替。许多城市依靠河流的运输为自己提供大量的消费品，城市中的生产所需要的原料和中间产品的运输也通过水运而解决，由于河流运输成本低廉、运输量大，一些重要的河流就承担起地区之间贸易和运输的任务。一些贸易型的城市也因此生长和繁荣起来。

扬州是中国古代尤其是明清时期的一个重要的商业中心城市，其地位的形成与商品在城市间的水运有极大关系。在唐代及唐代以前，扬州临近长江，后因河道变迁与淤塞，逐渐远离长江，到今天已相隔20余千米，但唐代及以前，长江水运对扬州城市的发展是起到重要作用的。对扬州商业中心城市地位的形成起最大作用的是大运河。

中国古代南方是粮食重要产地，同时盛产丝绸，这些产品向北方输送，大运河是主要通道，扬州是必经之地，这座城市逐渐成了江南的粮食丝绸集中地。明朝以后，扬州又是江淮地区盐的集散地，经大运河到扬州的盐

大运河带来了扬州的繁华

商把盐运输到北方各地。大运河对扬州的影响是巨大的。在扬州城内运河两岸，很早就出现了商业中心区，到明清时代已经十分繁荣，集聚了大量的饭店、旅馆、码头和货栈。富裕的盐商和丝绸商也在城东到城南的运河两岸及附近居住，建有许多大型的庭院或住宅，使用大量的华贵建筑材料，许多著名的私家园林也在这一带建成，如个园、何园、片石山房等，这些私家园林至今仍保留完好。

现代工业文明出现后，公路、铁路和航空成了联系城市生产与贸易的主要运输通道，河道运输的地位相对下降，但由于河道运输具有成本低、污染少、运量大的优势，直到21世纪的今天，河道运输仍然是城市的重要资源，是许多城市赖以生存和发展的重要基础环境。资料统计显示，美国内河运输成本为铁路运输成本的1/4，公路的1/5，航空的1/12；德国内河运输成本为铁路运输成本的1/3，公路的1/5，航空的1/14。20世纪90年代后期，美国货物运量的1/5仍然是由内河航运所完成的，德国的这个比例是1/4。

欧洲的莱茵河并不是一条很大的河流，全长1320千米，只有我国长江的1/5，但干流通航长度却达885千米，各支流间有运河相通，并与欧洲的威尼斯河、塞纳河、多瑙河等也有运河相通，形成欧洲极为重

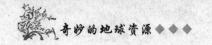

要的内河运输网，也是世界上航运最繁忙的河流之一。正是因为有了莱茵河及其支流鲁尔河，才有了欧洲著名的现代工业区——鲁尔工业区。莱茵河不仅为鲁尔区提供了大量的工业用水，而且还为鲁尔区创造了便利的交通运输条件，直到今天，鲁尔工业区仍然是全欧洲最重要的经济区域之一。

如果说随着公路、铁路和航空运输的兴起导致河流运输在城市经济中的地位有所下降的话，那么，对于今天的城市而言，河流正被赋予一种新的功能——使城市的布局更加和谐，使城市生活具有更丰富的内涵，也使城市中的居民具有更高的生活质量。

一座理想的城市，不仅要有可供民居的舒适住房，有可供多样化消费的百货商店、餐馆、剧院、博物馆、娱乐中心，有商人们从事贸易金融等商务活动用的摩天大楼，有公共汽车、出租车、地下铁路、机场、港口、水厂、加油站等，还要有水流、行舟、码头。城市中有水，能使城市更加贴近自然，城市中有河流会使城市的布局更加合理、更加人性化，城市中有水有河可使城市及城市生活更加丰富多彩。

早期的泰晤士河是为伦敦的工业生产和贸易服务的，沿河两岸数不清的码头停泊着满载煤炭、钢材和布匹的驳船。到了20世纪60年代，泰晤士河作为运输内河的使命基本完结了，船坞迁走了，工厂被禁止将废弃物排放到河里，泰晤士河水逐渐重新变清，多达上百种的鱼类流回到河里，桥梁经过彻底修整，泰晤士河重新成了一条城市景观河。

塞纳河是法国北部的一条河流，更是首都巴黎的生命河。巴黎与塞纳河犹如亲生姐妹，连接和谐，融为一体。塞纳河穿越整个巴黎，河道在巴黎境内有百余千米之长，如同一条美丽的玉带紧紧地围绕着这座世界花都。游人来到巴黎，徜徉在塞纳河畔，河上泛游的小舟映入眼帘，看到的是河流之美，体验的是河流与城市之间的和谐与密切。在城市规划师的眼里，巴黎市区里的塞纳河又成了区分城市功能的"市界"。河的北岸称为右岸，是贸易、金融和商业中心地区，体现大都市的高度繁荣；河的南岸称为左岸，是艺术的"天堂"，聚集着来自全法国和世界各地的艺术家、诗人和哲

河给城市带来了自然

学家，充满了想象和浪漫。在塞纳河的两岸，有着数不清的历史名胜和高度艺术化的建筑，如协和广场、土勒里花园、卢浮宫、旧皇宫、蓬皮杜中心、市政厅、埃菲尔铁塔、议院、法兰西学院、圣母院。著名的巴黎圣母院就位于塞纳河中心的西岱岛上，是巴黎最负盛名的景观之处。

布达佩斯是匈牙利的首都，在欧洲并不算是一个经济发达、商业繁荣的城市，却是世界上一个重要的旅游城市，也是欧洲最适合于居住的城市之一。根据国际旅游局的评价，布达佩斯是当代最美丽的国际性城市之一，因为它是"多瑙河上的明珠"。如同许多城市一样，多瑙河把布达佩斯一分为二，河段平均宽约 400 米，最窄处 285 米。布达佩斯市区面积 524 平方千米；其中布达占 1/3，为 173 平方千米；佩斯占 2/3，为 352 平方千米。全市人口 202 万，约占全国人口的 1/5。由于多瑙河把布达佩斯一分为二，使布达和佩斯虽属同一座城市，但在城市功能上有明显的分工和差异。布达位于多瑙河山峦起伏的西岸，四周有许多小山环绕，是居住和疗养的好地方。因此，这里是布达佩斯的主要居住地和休养中心。佩斯位于多瑙河东岸的佩斯平原，海拔较低，是行政办公、商业贸易和工业中心，有宽阔的街道、高耸的大厦、繁华的商场和各种各样的剧场影院等。

都江堰

都江堰坐落于四川省都江堰市城西，位于成都平原西部的岷江上。都江堰水利工程建于公元前256年，是全世界迄今为止，年代最久、唯一留存、以无坝引水为特征的宏大水利工程。

都江堰水利工程由创建时的鱼嘴分水堤、飞沙堰溢洪道、宝瓶口引水口三大主体工程和百丈堤、人字堤等附属工程构成。科学地解决了江水自动分流、自动排沙、控制进水流量等问题，消除了水患，使川西平原成为"水旱从人"的"天府之国"。2000多年来，一直发挥着防洪灌溉作用。

那么，为什么要修建都江堰呢？都江堰又是谁修建的呢？岷江是长江上游的一条较大的支流，发源于四川北部高山地区。

都江堰

每当春夏山洪暴发的时候，江水奔腾而下，从灌县进入成都平原，由于河道狭窄，古时常常引发洪灾，洪水一退，又是沙石千里。而灌县岷江东岸的玉垒山又阻碍江水东流，造成东旱西涝。

公元前256年，秦国蜀郡太守李冰和他的儿子，吸取前人的治水经验，率领当地人民，主持修建了著名的都江堰水利工程。都江堰的整体规划是将岷江水流分成两条，其中一条水流引入成都平原，这样既可以分洪减灾，又可以引水灌田、变害为利。主体工程包括鱼嘴分水堤、飞沙堰溢洪道和宝瓶口进水口。

首先，李冰父子邀集了许多有治水经验的农民，对地形和水情作了实地勘察，决心凿穿玉垒山引水。由于当时还未发明火药，李冰便以火烧石，使岩石爆裂，终于在玉垒山凿出了一个宽20米，高40米，长80米的山口。因其形状酷似瓶口，故取名"宝瓶口"，把开凿玉垒山分离的石堆叫"离堆"。

宝瓶口引水工程完成后，虽然起到了分流和灌溉的作用，但因江东地势较高，江水难以流入宝瓶口，李冰父子又率领大众在离玉垒山不远的岷江上游和江心筑分水堰，用装满卵石的大竹笼放在江心堆成一个形如鱼嘴的狭长小岛。鱼嘴把汹涌的岷江分隔成外江和内江，外江排洪，内江通过宝瓶口流入成都平原。

李冰父子像

为了进一步起到分洪和减灾的作用，在分水堰与离堆之间，又修建了一条长200米的溢洪道流入外江，以保证内江无灾害，溢洪道前修有弯道，江水形成环流，江水超过堰顶时洪水中夹带的泥石便流入外江，这样便不会淤塞内江和宝瓶口水道，故取名"飞沙堰"。

为了观测和控制内江水量，李冰又雕刻了三个石桩人像，放于水中，以"枯水不淹足，洪水不过肩"来确定水位。还凿制石马置于江心，以此作为每年最小水量时淘滩的标准。

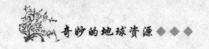

都江堰水利工程充分利用当地西北高、东南低的地理条件，根据江河出山口处特殊的地形、水脉、水势，乘势利导，无坝引水，自流灌溉，使堤防、分水、泄洪、排沙、控流相互依存，共为体系，保证了防洪、灌溉、水运和社会用水综合效益的充分发挥。都江堰建成后，成都平原沃野千里，"水旱从人，不知饥馑，时无荒年，谓之天府"。四川的经济文化有很大发展。其最伟大之处是建堰2000多年来经久不衰，而且发挥着愈来愈大的效益。都江堰的创建，以不破坏自然资源，充分利用自然资源为人类服务为前提，变害为利，使人、地、水三者高度协调统一。

都江堰工程至今仍发挥着重要作用。随着科学技术的发展和灌区范围的扩大，从1936年开始，逐步改用混凝土浆砌卵石技术对渠首工程进行维修、加固，增加了部分水利设施，古堰的工程布局和"深淘滩、低作堰"，"乘势利导、因时制宜"，"遇湾截角、逢正抽心"等治水方略没有改变，都江堰水利工程成为世界最佳水资源利用的典范。水利专家仔细观看了整个工程的设计后，都对它的高度的科学水平惊叹不止。比如，飞沙堰的设计就是很好地运用了回旋流的理论。这个堰，平时可以引水灌溉，洪水时则可以排水入外江，而且还有排砂石的作用，有时很大的石块也可以从堰上滚走。当时没有水泥，这么大的工程都是就地取材，用竹笼装卵石作堰，费用较省，效果显著。

都江堰不仅是举世闻名的中国古代水利工程，也是著名的风景名胜区。1982年，都江堰作为四川青城山—都江堰风景名胜区的重要组成部分，被国务院批准列入第一批国家级风景名胜区名单。2007年5月8日，成都市青城山—都江堰旅游景区经国家旅游局正式批准为国家5A级旅游景区。

根据联合国《保护世界文化和自然遗产公约》第一条第二款有关文化遗产定义的规定："建筑物：从历史、艺术或科学角度看在建筑式样、分布均匀或与环境景色结合方面具有突出的普遍意义价值的单体或连接的建筑群。"都江堰水利工程以历史悠久、规模宏大、布局合理、运行科学，与环境和谐结合，在历史和科学方面具有突出的普遍价值，2000年联合国世界遗产委员会第24届大会上，都江堰被确定为世界文化遗产。

都江堰意义如此重大。那么，它的名字是怎来的呢？秦蜀郡太守李冰建堰初期，都江堰名称叫"湔堋"，这是因为都江堰旁的玉垒山，秦汉以前叫"湔山"，而那时都江堰周围的主要居住民族是氐羌人，他们把堰叫做"堋"，都江堰就叫"湔堋"。

都江堰被确定为世界文化遗产

三国蜀汉时期，都江堰地区设置都安县，因县得名，都江堰称"都安堰"。同时，又叫"金堤"，这是突出鱼嘴分水堤的作用，用堤代堰作名称。

唐代，都江堰改称为"楗尾堰"。因为当时用以筑堤的材料和办法，主要是"破竹为笼，圆径三尺，以石实中，累而壅水"。即用竹笼装石，称为"楗尾"。

直到宋代，才有了都江堰的叫法。为什么称都江堰，都江是哪条江呢？《蜀水考》说："府河，一名成都江，有二源，即郫江，流江也。"流江是检江的另一种称呼，成都平原上的府河即郫江，南河即检江，它们的上游，就是都江堰内江分流的柏条河和走马河。《括地志》说："都江即成都江。"从宋代开始，把整个都江堰水利系统工程概括起来，叫都江堰，才较为准确地代表了整个水利工程系统。这个名字也就一直沿用至今。

世界上最大的水利工程

长江三峡是指在重庆市至湖北省间的瞿塘峡、巫峡和西陵峡。长江三峡西起重庆市的奉节县，东至湖北省的宜昌市，全长205千米。自西向东主

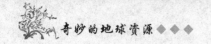

要有三个大的峡谷地段：瞿塘峡、巫峡和西陵峡。三峡因而得名。三峡两岸高山对峙，崖壁陡峭，山峰高出江面 1000～1500 米。

长江三峡，人杰地灵。这里是中国古文化的发源地之一，著名的大溪文化，在历史的长河中闪耀着奇光异彩；这里，孕育了中国伟大的爱国诗人屈原和千古名女王昭君；青山碧水，曾留下李白、白居易、刘禹锡、范成大、欧阳修、苏轼、陆游等诗圣文豪的足迹，留下了许多千古传颂的诗章；大峡深谷，曾是三国古战场，是无数英雄豪杰驰骋用武之地；这里还有许多著名的名胜古迹，白帝城、黄陵庙、南津关……它们同这里的山水风光交相辉映，名扬四海。

三峡是渝鄂两省市人民生活的地方，主要居住着汉族和土家族，他们都有许多独特的风俗和习惯。每年农历五月初五的龙舟赛，是楚乡人民为表达对屈原的崇敬而举行的一种祭祀活动。1982 年，三峡以其举世闻名的秀丽风光和丰富多彩的人文景观，被国务院批准列入第一批国家级风景名胜区名单。

西陵峡

举世闻名的三峡工程就建在这里。三峡工程全称为长江三峡水利枢纽工程。整个工程包括一座混凝重力式大坝、泄水闸，一座堤后式水电站，一座永久性通航船闸和一架升船机。三峡工程建筑由大坝、水电站厂房和通航建筑物三大部分组成。大坝坝顶总长 3035 米，坝高 185 米，水电站左岸设 14 台，右岸 12 台，共装机 26 台，前排容量为 70 万千瓦的小轮发电机组，总装机容量为 1820 万千瓦时，年发电量 847 亿千瓦时。通航建筑物位于左岸，永久通航建筑物为双线五包连续级船闸及早线一级垂直升船机。

三峡工程分三期，总工期 18 年。一期 5 年（1992 ～ 1997 年），主要工程除准备工程外，主要进行一期围堰填筑，导流明渠开挖。修筑混凝土纵向围堰，以及修建左岸临时船闸（120 米高），并开始修建左岸永久船闸、升爬机及左岸部分石坝段的施工。二期工程 6 年（1998 ～ 2003 年），工程主要任务是修筑二期围堰，左岸大坝的电站设施建设及机组安装，同时继续进行并完成永久特级船闸，升船机的施工。三期工程 6 年（2003 ～ 2009 年），本期进行的右岸大坝和电站的施工，并完成全部机组安装。

三峡工程

现在，三峡水库已经是一座长远 600 千米，最宽处达 2000 米，面积达 10000 平方千米，水面平静的峡谷型水库。

三峡工程的建设历时 18 年，它是中华民族在母亲河长江上建起的世界上最大的水利水电工程。可以说它是中华民族的百年梦想。三峡工程从最初的设想、勘察、规划、论证到正式开工，经历了 75 年。在这漫长的梦想、企盼、争论、等待相互交织的岁月里，三峡工程载浮载沉，几起几落。在

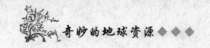

三峡工程的水电通过电网输往东部沿海

中国综合国力不断增强的20世纪90年代，经过中华人民共和国的最高权力机关——全国人民代表大会的庄严表决，三峡工程建设正式付诸实施。

1992年4月3日，第七届全国人民代表大会第五次会议以67%的赞成票通过了《关于兴建长江三峡工程的决议》，标志着建设三峡工程已获得法律上的许可。

1993年1月3日，国务院三峡工程建设委员会成立，它是三峡工程的最高决策机构。

1993年8月19日，国务院颁布《长江三峡工程建设移民条例》。

1993年9月27日，中国长江三峡工程开发总公司成立，它是三峡工程的业主单位。

1994年3月18日，葛洲坝水电站划归三峡总公司，其利润成为三峡建设资金。

1994年12月14日，三峡工程正式开工。

1996年8月10日，西陵长江公路大桥建成通车，该桥位于三峡大坝下游4.5千米处。

1997年3月14日，第八届全国人民代表大会第五次会议通过设立重庆直辖市的议案，该市承担了整个三峡工程85%的移民人数。

1997年6月24日，左岸电厂14台机组开标。

1997年10月6日，导流明渠正式通航，大江截流前的工程准备已完成。

1997年11月8日，大江截流，标志着一期工程完成，二期工程开始。

1998年5月1日，三峡临时船闸开始通航。

2000 年 7 月 17 日，重庆云阳县 150 户居民集体搬迁至上海崇明县，这是三峡库区首批外迁的移民。

2001 年 1 月 15 日，国务院颁布了修订后的《长江三峡工程建设移民条例》。

2002 年 5 月 1 日，左岸上游围堰被打破，三峡大坝开始正式挡水。

2002 年 10 月 21 日，泄洪坝段全线浇筑至 185 米高程，宣告建成。

2002 年 10 月 26 日，左岸大坝全线浇筑至 185 米高程。

2002 年 11 月 4 日，中国长江电力股份有限公司正式成立。

2002 年 11 月 6 日，导流明渠截流，至此三峡工程全线截流。

2003 年 5 月 5 日，三峡至华东电网的输电线路开始运行，起讫点从湖北宜昌至江苏常州。

2003 年 6 月 1 日，三峡水电站开始下闸蓄水。

2003 年 6 月 10 日，水库蓄水至 135 米，具备发电条件。

2003 年 6 月 16 日，永久船闸开始通航。

2003 年 7 月 10 日，左岸 2 号机组投产发电，是三峡水电站第一台发电的机组，同时是三峡水电站左岸电厂第一台发电的机组。

2003 年 10 月 15 日，右岸电厂 12 台机组开标。

2003 年 11 月 18 日，中国长江电力股份有限公司在上海证券交易所挂牌上市，其募集资金用于收购三峡机组。

2003 年 11 月 22 日，左岸 1 号机组投产发电，至此首批机组全部投产，标志着三峡水电站二期工程的目标全部实现。

2003 年 12 月 2 日，三峡至南方电网的输电线路开始运行，起讫点从湖北宜昌至广东惠州。

2003 年 12 月 29 日，三峡电源电站开工。

2005 年 1 月 18 日，三峡地下电站和电源电站被国家环境保护总局勒令停工，在补办完各项环保手续后，于三个月后复工。

2006 年 5 月 20 日，三峡大坝主体工程全面竣工。

2006 年 6 月 6 日，三峡大坝右岸上游围堰爆破工程在下午引爆，其爆破规模被称为"天下第一爆"。

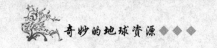

2006 年 9 月 20 日，三峡工程开始 156 米水位蓄水。

2006 年 10 月 27 日，三峡水库坝上水位达到 156 米高程。

2007 年 6 月 11 日，右岸 22 号机组投产发电，是三峡水电站右岸电厂第一台发电的机组。标志着三峡水电站三期工程开始发挥效益。

2008 年 10 月 29 日，右岸 15 号机组投产发电，是三峡水电站右岸电厂最后一台发电的机组。至此，三峡水电站 26 台机组全部投产发电。

水资源发出的警告

水是生命之源，是世界上最宝贵的自然资源之一。哺乳动物体内60% ~ 65%是水，人类体重的 60%、大脑的 99%、骨骼的 44% 都是水。缺了水，人类和动物将不能存活，森林将不复存在，植物将灭亡，地球上将出现无边的沙漠，生命的迹象将消失。

事实上，水资源短缺已逐渐成为一个困扰全球的普遍问题。1977 年，联合国水事会议就已提出警告："石油危机以后的下一个危机就是水的危机。"1987 年，联合国发表了《世界水资源综合评估报告》，向全世界发出了淡水资源短缺的警报："缺水问题将严重制约下个世纪的经济和社会发展，并导致国家间的冲突，甚至爆发战争。"这些警告或警报今天看来决不是危言耸听。

世界的水危机已严重制约人类的可持续发展。如今，全世界目前有 15 亿人未能喝上安全的饮用水，24 亿人缺乏充足的用水卫生设施。联合国警告，到 2025 年，世界将有近一半人口生活在缺水地区，北非和西亚尤为严重。自 1970 年以来，由于全世界人口的激增，世界人均供水量已经减少了 1/3。自 1980 年以来，全球用水量增长了 3 倍多，估计目前用水量已经达到 4340 亿立方米。总之，水资源日益匮乏使得各国争夺越演越烈，其争端势必越来越频繁。

中国的水危机早已敲响了警钟。我国是一个水资源贫乏的国家，水资源总量居世界第 6 位，人均水资源量 2500 立方米，约为世界人均的 1/4，排在世界第 110 位，是世界 13 个贫水国家之一。在全国 669 个城市中，缺水城市达 400 多个，其中严重缺水的城市 114 个，日缺水 1600 万吨，每年因缺水造成的直接经济损失达 2000 亿元，全国每年因缺水少产粮食 700 亿~800 亿吨。首都北京严重缺水，被列入世界十大缺水城市之一。

即使是被称为江南水乡的杭州湾地区也出在近年出现了缺水。浙江北部的杭嘉湖（杭州、嘉兴、湖州）地区的突出问题在于东部，出现了"江南水乡闹水荒"的现象。该地区河网纵横，人口密集，经济发达，以太湖和长江水源作为补给，所以表面来看，其水资源量并不匮乏，但是近几十年来，经济的迅猛发展已经远远超出了水资源的承受能力，加之水资源保护不当，造成大量水体污染，可利用的水资源急剧减少，水资源供需矛盾不断加剧，这些情况突出表现在嘉兴、余杭等地。因此，这样的水质性缺水，使得人们加大对深层地下水的开采，最终导致大面积地面沉降等更多深层次问题。

据统计，截至 2003 年底，嘉兴市地面沉降的中心沉降量超过 800 毫米，现仍以每年 20~30 毫米的速度下降。浙东的杭州市的萧山区、滨江区，整个绍兴市、宁波市和舟山市，是浙江省经济发达地区之一，仅靠域内水资源的合理开发利用尚不能满足该地区经济社会可

水污染造成鱼类大面积死亡

持续发展的需要，特别是舟山和慈溪等地，如果不从域外引水，是不能从根本上解决缺水问题的。现在宁波、舟山地区年缺水总量约为 6 亿立方米，即使到 2020 年周边地区引水工程和 10 座水库建成，在经济的飞速发展下，

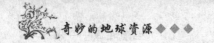

这一缺口仍将维持在 6 亿立方米左右，情况相当严峻。

到 2010 年，我国进入严重缺水期；据专家分析，到 2030 年，我国人均用水量将下降到 1760 立方米，临近国际公认的警戒线，全国缺水将达 400 亿~500 亿立方米。如今，我国水资源供需矛盾进一步加剧并达到白热化，水资源危机已成为所有资源问题中最为严重的问题之一，前景令人十分担忧！

既然地球上的水资源总量是无法改变的，那么，我们能做的就只有改变自身的用水方式了。目前，无论是富裕的国家还是贫穷的国家，在工农业生产以及人们生活用水方面普遍存在着水资源浪费现象。好在一些国家已经对此有所关注并积极行动起来。以地球上有人居住的最干旱的大陆——澳大利亚为例，自 2002 年开始，澳大利亚就一直深受该国历史上最为严重的旱情困扰，很多大城市不得不因此限制用水。在墨尔本，政府禁止居民向自家的游泳池中注水。在气候干燥的布里斯班，居民们在室外用水必须得到许可。

受干旱打击最严重的是澳大利亚的农业生产。2007 年，历史上罕见的持续干旱使澳大利亚农业中心区域的稻米产量锐减，创下 1927 年以来的最低值。澳大利亚政府清醒地意识到，即使采取最为积极果断的方法和手段，也不可能在短时间内扭转水资源短缺的局面，唯一可行的就是尽可能多地提高水资源的利用效率。为此，他们在维多利亚州北部启动了一项历时 5 年耗资高达 13 亿美元的计划，对该地区有着上百年历史的灌溉系统进行彻底的整

缺水是澳大利亚农业面临的最大问题

修，用计算机控制灌溉水渠以大幅减少水资源的浪费。到目前为止，该地区灌溉系统的水资源浪费已经减少了30％，颇见成效。

与澳大利亚比起来，身为发展中国家又是人口大国的印度，缺水情况就更为严重了。在印度，如果你拧开家中的水龙头，很可能连一滴水也放不出来。以印度首都新德里为例，该市每天的市政供水总量根本无法满足市内人口的用水需求。不只是穷人，就连中产阶级民众也要为每日的用水问题发愁。在一些高级住宅区里，居民们每天早

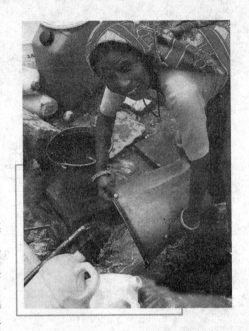

新德里居民用铁桶和塑料桶储备饮用水

晨睁开眼睛第一件担心的事就是家中的水管供水是否正常。许多人家中都专门备有大容量的储水箱，为了防盗甚至还要给水箱上锁。此外，水质受到污染在印度是常有的事，因此必须先用过滤装置将水进行净化处理后才能饮用或用来做饭。

在新德里的贫民区，人们围着运水车争抢水的场面更是司空见惯。这里的穷人大都依靠私人卡车运送生活用水，水的价钱比市政供水高出许多。

在严重缺水的印度同样存在着水资源的浪费。造成这种状况的原因是多方面的，包括输水管道的渗漏、城市规划的不合理等。这也是一些发展中国家的通病。有人将印度形象地比喻为一个正在不断漏水的水桶，宝贵的水资源就这样滴滴答答地漏掉不少，实在是非常可惜。

为了缓解用水困难，开采地下水资源的情况在印度相当普遍。30年前，印度全国境内共有200万口水井，而现在这一数字已经大幅攀升到了2300万口。大量挖掘水井造成印度地下水水位严重下降。以前，一口井只要打到6米深就能出水。现在则需要打到24米或是更深才行。

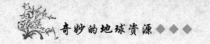

地球之肺——森林

森林是地球之肺

森林，通过绿色植物的光合作用，不但能转化太阳能而形成各种各样的有机物，而且靠光合作用吸收大量的二氧化碳和放出氧气，维系了大气中二氧化碳和氧气的平衡，净化了环境，使人类不断地获得新鲜空气。因此，生物学家曾说，"森林是地球之肺"。森林与人类的发展，与自然界的生态平衡息息相关。

"地球之肺"的作用主要体现以下几个方面：

一、森林是空气的净化物。随着工矿企业的迅猛发展和人类生活用矿物燃料的剧增，受污染的空气中混杂着一定量的有害气体，威胁着人类，其中二氧化硫就是分布广、危害大的有害气体。凡生物都有吸收二氧化硫的本领，但吸收速度和能力是不同的。植物叶面积巨大，吸收二氧化硫量要比其他物种的大得多。据测定，森林中空气的二氧化硫要比空旷地少15%～50%。若是在高温高湿的夏季，随着林木旺盛的生理活动功能，森林吸收二氧化硫的速度还会加快。

二、森林有自然防疫作用。树木能分泌出杀伤力很强的杀菌素，杀死空气中的病菌和微生物，对人类有一定保健作用。有人曾对不同环境，每

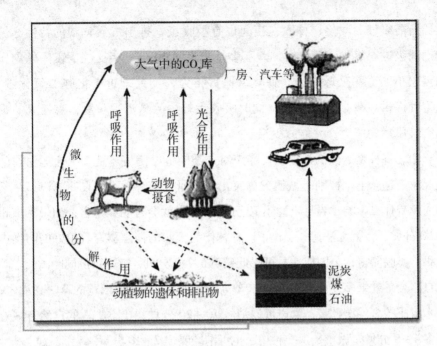

在大气循环系统中唯一吸收二氧化碳等气体的就是绿色植物

立方米空气中含菌量作过测定：在人群流动的公园为 1000 个，街道闹市区为 3 万~4 万个，而在林区仅有 55 个。另外，树木分泌出的杀菌素数量也是相当可观的。例如，一公顷桧柏林每天能分泌出 30 千克杀菌素，可杀死白喉、结核、痢疾等病菌。

三、森林是天然制氧厂。氧气是人类维持生命的基本条件，人体每时每刻都要呼吸氧气，排出二氧化碳。一个健康的人三两天不吃不喝不会致命，而短暂的几分钟缺氧就会死亡，这是人所共知的常识。一个人要生存，每天需要吸进 0.8 千克氧气，排出 0.9 千克二氧化碳。森林在生长过程中要吸收大量二氧化碳，放出氧气。据研究测定，树木每吸收 44 克的二氧化碳，就能排放出 32 克氧气；树木的叶子通过光合作用产生 1 克葡萄糖，就能消耗 2500 升空气中所含有的全部二氧化碳。照理论计算，森林每生长一立方米木材，可吸收大气中的二氧化碳约 850 千克。若是树木生长旺季，一公顷的阔叶林，每天能吸收 1 吨二氧化碳，制造生产出 750 千克氧气。据说，10平方米的森林或 25 平方米的草地就能把一个人呼吸出的二氧化碳全部吸收，供给所需氧气。诚然，林木在夜间也有吸收氧气排出二氧化碳的特性，但因白天吸进二氧化碳量很大，差不多是夜晚的 20 倍，相比之下夜间的副作用就很小了。就全球来说，森林绿地每年为人类处理近千亿吨二氧化碳，为空气提供 60% 的净洁氧气，同时吸收大气中的悬浮颗粒物，有极大的提高空气质量的能力；并能减少温室气体，减少热效应。

四、森林是天然的消声器。噪声对人类的危害随着工业、交通运输业的发展越来越严重，特别是城镇尤为突出。据研究结果，噪声在 50 分贝以下，对人没有什么影响；当噪声达到 70 分贝，对人就会有明显危害；如果噪声超出 90 分贝，人就无法持久工作了。森林作为天然的消声器有着很好的防噪声效果。实验测得，公园或片林可降低噪声 5～40 分贝，比离声源同距离的空旷地自然衰减效果多 5～25 分贝；汽车高音喇叭在穿过 40 米宽的草坪、灌木、乔木组成的多层次林带，噪声可以消减 10～20 分贝，比空旷地的自然衰减效果多 4～8 分贝。城市街道上种树，也可消减噪声 7～10 分贝。

五、森林对气候有调节作用。森林浓密的树冠在夏季能吸收和散射、反射掉一部分太阳辐射能，减少地面增温。冬季森林叶子虽大都凋零，但密集的枝干仍能削减吹过地面的风速，使空气流量减少，起到保温保湿作用。据测定，夏季森林里气温比城市空阔地低 2～4℃，相对湿度则高 15%～25%，

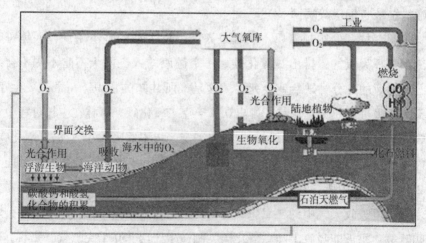

绿色植物是氧气的主要提供者

比柏油混凝土的水泥路面气温要低 10～20℃。由于林木根系深入地下，源源不断地吸取深层土壤里的水分供树木蒸腾，使林木正常形成雾气，增加了降水。通过分析对比，林区比无林区年降水量多 10%～30%。国外报道，要使森林发挥对自然环境的保护作用，其绿化覆盖率要占总面积的 25% 以上。

六、森林改变低空气流，有防止风沙和减轻洪灾、涵养水源、保持水土的作用。由于森林树干、枝叶的阻挡和摩擦消耗，进入林区风速会明显减弱。据资料介绍，夏季浓密树冠可减弱风速，最多可减少 50%。风在入林前 200 米以外，风速变化不大；过林之后，大约要经过 500～1000 米才能恢复过林前的速度。造林治沙便是人类利用森林这一功能的体现。

森林地表枯枝落叶腐烂层不断增多，形成较厚的腐质层，就像一块巨大的吸收雨水的海绵，具有很强的吸水、延缓径流、削弱洪峰的功能。另外，树冠对雨水有截流作用，能减少雨水对地面的冲击力，保持水土。据计算，林冠能阻截 10%～20% 的降水，其中大部分蒸发到大气中，余下的降落到地面或沿树干渗透到土壤中成为地下水，所以一片森林就是一座水库。森林植被的根系能紧紧固定土壤，能使土地免受雨水冲刷，制止水土流失，防止土地荒漠化。

七、森林有除尘和对污水的过滤作用。工业发展、排放的烟灰、粉尘、废气严重污染着空气，威胁人类健康。高大树木叶片上的褶皱、茸毛及从气孔中分泌出的黏性油脂、汁浆能粘截到大量微尘，有明显阻挡、过滤和吸附作用。据资料记载，每平方米的云杉，每天可吸滞粉尘 8.14 克，松林为 9.86 克，榆树林为 3.39

森林是动物的天然栖息地

克。一般而言，林区大气中飘尘浓度比非森林地区低 10%～25%。另外，

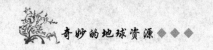

森林对污水净化能力也极强，据国外研究介绍，污水穿过40米左右的林地，水中细菌含量大致可减少1/2，而后随着流经林地距离的增大，污水中的细菌数量最多时可减至90%以上。

八、森林是多种动物的栖息地，也是多类植物的生长地，是地球生物繁衍最为活跃的区域。所以，森林保护着生物多样性资源，而且无论是在都市周边还是在远郊，森林都是价值极高的自然景观资源。

由此可见，森林的作用可真大啊！它真不愧是"地球之肺"！

热带雨林

世界上只有不到40亿公顷的森林，约占世界陆地面积的30%。世界上的森林主要分为热带雨林、亚热带常绿阔叶林、温带混交林和温带落叶阔叶林。其中，以热带雨林对地球的影响最大。

16～17世纪，欧洲人对世界探奇蜂拥而起，从探险家和航海家们的信件和日记中不断传出热带丛林的离奇古怪、玄妙莫测而耸人听闻的故事。他们看到了遮天蔽日的原始森林，比比皆是奇异的板状根的巨树，甚至要十几个人才能合围过来；植物的种类极端丰富以至于人们不能够在一个地方找到两株相同的树木；林内藤萝交织缠杂使人难于通行；有许多杆状树根从空中骤然垂下，仿佛从天而降；有些植物不是由地上长出而是生在空中各个高度的树丫和枝杆上，构成令人眩目的空中花园；亦到处可见许多树木的老茎杆上不可思议地开出艳丽奇特的花朵或者挂满累累果实；有些植物的叶子大得足以容纳数人在下面避雨，有的叶子触碰时会运动；还有些植物具有草样的形态但身材如树，真是千奇百怪，应有尽有。

森林中光线昏暗，阴森潮湿，人们对涌来的蚊虫蛭蛇的叮咬不知所措，不时还会听到使人毛骨耸然的怪声和土人的嚎叫。这些纷至沓来的传闻与那时人们的植物学知识大相径庭，从而使热带丛林罩上了原古、神秘，令人着迷而又恐惧的面纱。

直到19世纪，德国植物学家辛伯尔广泛收集和总结了热带地区的科学发现和各种资料，把潮湿热带地区常绿高大的森林植被称为热带雨林，并从当时的生态学角度对它进行了科学描述和解释。

热带雨林具有独特的外貌和结构特征，与世界

热带雨林中的大树洞像座房子

上其他森林类型有明显的区别。热带雨林主要生长在年平均温度24℃以上，或者最冷月平均温度18℃以上的热带潮湿低地。世界上三大热带地区都有它的分布。最大的一片在美洲，目前还保存着4万平方千米面积，它们约占热带雨林总量的1/2及约占世界阔叶林总量的1/6。第二大片是热带亚洲的雨林，面积有2万平方千米。第三大片是热带非洲的雨林，面积1.8万平方千米。

热带雨林里的物种极其丰富。全世界的有花植物近25万种，其中约17万种生长在热带。大约有8万种生长在热带美洲，4万种生长在热带亚洲，3.5万种在热带非洲。物种最为丰富的热带雨林里，在1公顷的林地上，几乎不能发现两株树木属于同样的物种。这正如华莱士在日记里所讲述的，一个旅行家要想在一片热带雨林里找到两株属于同种的树木简直是徒劳。

在马来西亚帕松的一个50公顷热带雨林样地里，有植物830种；在沙拉望的一个6.6公顷雨林样地里记录到胸径10厘米以上的树木711种；更有甚者，在南美洲哥斯达利加的雨林里，在100平方米的地上竟有植物233种之多。这是世界上种类最丰富的植物群落。相比之下，整个不列颠群岛仅有植物1380种；北美洲东北部亦仅有171个树种；而整个北欧和俄罗斯西部仅有50个原产树种。

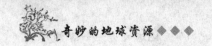

热带雨林的物种极端丰富，甚至植物同一个属有数以百计的种生长在一起，这是难以用达尔文式的自然选择来解释的，至今仍是个谜。

中国的热带雨林主要分布在海南、云南等省，其中位于云南省的西双版纳热带雨林最为著名。踏进西双版纳热带雨林，那种遮天蔽日，光线幽暗令人感觉仿佛进入混沌开初的原古时代。由于热带地区终年高温高湿，热带雨林长得高大茂密，从林冠到林下树木分为多个层次，彼此套叠，几乎没有直射光线能到达地面，林下十分幽暗，阴森潮湿。

热带雨林树木各种大小皆俱，高矮搭配，构成 3 ~ 4 个树层。第一树层高度通常都在 30 米以上，它们的树冠高高举出成为凌驾于下面林冠层之上的耸出巨树；第二树层由 20 ~ 30 米高的大树构成，它们的树冠郁闭，是构成林冠（森林天篷）的主要层；第三树层高 10 ~ 20 米，由中、小乔木构成，树木密度大；在 5 ~ 10 米高度一般还有一个小树层。树木层之下是 1 ~ 5 米高的幼树灌木层，热带雨林中的灌木在形态上与小树几乎分不清楚，难怪有人称它们为侏儒树。在幼树冠木层之下通常为疏密不等的草本层。

今天，热带雨林仍覆盖着地球上广大的地区，特别是在南美洲的亚马逊河流域，仍存在着一望无际的大片热带雨林，与世界其他类型的植被相比，它仍是覆盖面积最大的植被类型。然而，同几百年前相比，现今的热带雨林已大为减少，在很多地方变成小块片断甚至消失殆尽。

亚马逊流域的热带雨林

自 19 世纪以来，资本主义工业飞速发展，对木材和森林产品的需求量剧增，从而开始了对热带雨林疯狂的开采。特别是最近几十年人口暴涨，在热带雨林地区人口也明显剧增，大片热带雨林顷刻之间转变为农地、种植园和城镇。在热带非洲和热带亚洲，大片的雨林已经消失和片断化。即便在热带美洲亚马逊河流域，随着纵横交错的道路的开通，密集人口区的大量移民拥入热带雨林，在那里定居、繁衍，侵蚀热带雨林。

几十年前看到的无边无际的雨林，现在看来是有限和脆弱的。现在对热带雨林的破坏速度仍有增无减，若再不加紧有效的保护，它们很快就会从地球上消失殆尽。

热带雨林的破坏，不仅仅只是导致环境恶化和水土流失，更主要的是大量动物、植物种的灭绝。雨林的环境效益是可以由各种各样的人工植被（人工林、种植园等）和次生植被所缓解和部分替代的，但形成一个物种需要上万年的时间，大量动、植物种的灭绝却是人类不可补救的。

人自身也是一个动物，与其他生物种有着极其密切复杂的依存关系。雨林的消失，物种之间平衡关系的打破，完全可能毁灭人类自己。

值得庆幸的是在仍留存有大片雨林的时候，保护热带雨林已引起了全世界人民的关心，国际上已有很多非政府和政府的组织机构在积极不断地努力筹集资金，培训人员，建立自然保护区。自1970年以来，全世界热带地区已有3000多个国家公园和自然保护区被建立，保护面积已达400万公顷。生态旅游也逐渐在自然保护区里开展起来，以唤起人们对生物多样性保护的兴趣和意识。

人类离不开热带雨林，人们需要利用热带雨林，只要是在热带雨林的承受力内进行开发，热带雨林是可以更新和永续利用的。

中国的森林资源

中国是世界上森林树种，特别是珍贵稀有树种最多的国家。据中国植物学家统计，中国有种子植物2万余种，其中，属于森林树种的有8000余种，仅乔木树种就有2000多种，而材质优良、树干高大通直、经济价值高、

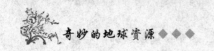

用途广的乔木树种约有千余种。针叶类的松、杉种，是构成北半球的主要树种，全球约有30属，而中国就占有20属、近200种。其中有8个属为中国特有，他国所无。8个特有属为水杉属、银杉属、金钱松属、水松属、台湾杉属、油杉属、福建柏属和杉木属。阔叶树种更为丰富，达200属之多，其中有大量特有树种，如珙桐属、杜仲属、旱莲属、山荔枝属、香果树属和银鹊树属等等。

在种类繁多的树种中，有很多珍贵稀有树种，例如，水杉、银杏、银杉、铁杉、油杉、红豆杉、白豆杉、台湾杉、金钱松、陆均松、水松、雪松、竹叶松、竹柏、福建柏、珙桐、山荔枝、香果树、银鹊树、紫檀、降香黄檀、格木、蚬木、樟木、楠木、红木、柚木、轻木、铁力木、黄杨木、天目姜子、海南石梓、桃花心木、花榈木、青皮、坡垒、红椿、绿楠、青钩栲、木荷、胡桃楸、水曲柳、黄波罗、杉木、树蕨等等。这些珍贵稀有树种，都是建筑、桥梁、车船、家具和工艺雕刻上不可缺少的良材美木。这些树种，绝大多数都分布在中国南方林区。这是因为南方林区有更多的适宜各类树种生长的条件。

中国森林资源的另一个特点是，拥有种类众多的竹林。中国的竹子种类、竹材及竹制品产量均占世界首位。全世界有竹子50多属，中国就有26属、近300个品种。

中国的竹子资源在大江南北均有分布，往北可以分布到山西南部。全国大致可分为三大竹区：一为黄河、长江之间的散生竹区，主要竹种有刚竹、淡竹、桂竹、金刚竹等；二为长江、南岭一带散生型和丛生型混合竹区，竹种以毛竹为主，也有散生型刚竹、水竹、桂竹和混合型苦竹、箬竹及丛生型慈竹、硬头黄、凤凰竹等；三为华南一带丛生型竹区，主要竹种有撑篙竹、青皮竹、麻竹、粉单竹、硬头黄和茶杆竹等。

在竹子资源中，特别值得提及的是毛竹（也叫楠竹），它是中国竹类中的佼佼者。毛竹林是面积大、蓄积量多、经济价值高和用途广的竹种。面积占中国竹林总面积的78%，约有250万公顷，357957万株，年产毛竹八九千万根。毛竹分布范围较广，东起台湾省，西至云南东北部，南至广东、广西中部，北至安徽北部、河南南部。在此范围内，既有较大面积的毛竹纯林，也有与杉木、马尾松或其他阔叶树种组成的天然混交林。浙江、江西、湖南、福建、广东、广西、安徽、四川、江苏等省区，是毛竹林分布的中心，也是中国毛竹材生产的主要基地。

中国森林资源中的再一个特点是，经济林资源非常丰富。在全部经济林中，有大量木本粮油林、果木林、特用经济林和其他经济林。而每一类经济林中，又有许多树种，每一树种，又有几十个、甚至几百个品种，主要树种有：板栗、大枣、柿子、核桃、油茶、文冠果、毛榛、油棕、椰子、

南方的毛竹林

油橄榄、巴旦杏、油渣果、腰果、香榧、山杏、橡子树等等。

中国的果木林种类繁多，具有代表性的有：苹果、桃、梨、李子、梅子、葡萄、柑橘、广柑、橙子、柚子、香蕉、荔枝、龙眼、槟榔、菠萝、杏等等。

中国的特用经济林，不仅种类多，且有很多属于中国特产。在众多的特用经济林中，主要树种有：漆树、白蜡、油桐、乌桕、橡胶、栓皮栎、杜仲、茶树、桑树、花椒、八角、肉桂、黑荆树、枸杞、黄楝树等等。

森林的形成，同当地及其周围自然条件的长期作用有着密切的关系。中国地域广大，自北而南分属于寒温带、温带、暖温带、亚热带、热带五大气候带。气温由北而南逐渐升高；降水量则由南往北递减。高山、高原、丘陵、盆地等都有大面积分布。这种错综复杂的自然条件，对中国森林的形成和分布起着制约的作用。

在上述气候带及各种不同地形的长期作用下，中国各地区森林的分布

很不相同，具有明显的地带性。从水平地带分布来看，由北到南，有寒温带针叶林，温带针叶与落叶阔叶混交林，暖温带落叶阔叶林，亚热带常绿阔叶林，热带季雨林和雨林。

从垂直分布来看，在纬度越低、气温越高，海拔越高、气温越低的气候规律作用下，上述各水平地带的森林类型，都在纬度较低的水平地带内按垂直带谱出现，而且是纬度越高，在垂直带内出现的下限则越低。例如，东北的小兴安岭和长白山，水平位置都属于温带，典型的地带性森林为温带针叶（以红松为代表）与落叶阔叶混交林。但在本地带山地的上部广泛分布有以落叶松和云杉、冷杉为代表的寒温带针叶林。小兴安岭在长白山以北，纬度较长白山高，落叶松林分布的下限为海拔 700 米；在长白山下限则为 1100 米。又如，秦岭山地属于暖温带向亚热带过渡的地带，南坡海拔 1200 米以下为北亚热带森林和含有亚热带成分的

小兴安岭寒温带针叶林分布广泛

森林。在此以上和北坡的下部，则分布有暖温带落叶阔叶林和暖温带地区广泛分布的油松、华山松、铁杉等温带针叶林。而在秦岭山地的上部也分布有以落叶松、云杉、冷杉为主的寒温带针叶林，直至森林分布的上限。再如，西南高山峡谷地区的高山和台湾山地北部，其水平位置属于亚热带，典型的地带性森林是以常绿阔叶林为特征的亚热带森林。但是，由于纬度低、山体高，因而又分布着属于北方地区各水平地带的森林：下中部为常绿阔叶林和常绿阔叶—落叶阔叶混交林；在海拔 2000 米以上为暖温带与温带针叶林；3000 米以上为寒温带针叶林。云南西双版纳、海南岛和台湾山地南部，下部是雨林、季雨林，上部则为其他热带森林和亚热带森林。台湾因山体高，再往上还分布有喜温凉的针叶林和寒温带针叶林。

中国的珍稀树种

中国的森林，其珍贵树种和稀有树种之多，居世界首位。我们在这里就以红松、杉木、楠木、水杉、银杏等树种为例，侧重介绍它们的分布、特性和用途。

红松（东北地区叫果松）是中国重要的珍贵用材树种之一。分布在中国东北小兴安岭、长白山天然林区，为常绿大乔木，树干通直圆满，高达40米左右，胸径可达1.5米，树龄达500年以上。根据花粉分析，中国东北地区的红松约有1000万年以上的生长历史，它在中国所有松类树种中一直占据首要位置。

中国的红松林，主要是天然林。人工栽植红松林只有八九十年的历史，辽宁省新宾县有80年生的人工红松林。1949年后，辽宁、吉林、黑龙江三省的林区和半山区，营造了大面积的红松林，并积累了一些造林经验，对扩大中国红松林资源有重大意义。

红松木材，材质软硬适中，纹理通直，色泽美观，不翘不弯，是优良的建筑、造船、航空等用材。从古到今，中国北方地区的重大建筑中，红松木材一直占有很大比重。红松木材在国际市场上也很受欢迎，被誉为"木材王座"。

被誉为"木材王座"的红松

红松除作为优良经济用材外，它还含有丰富的松脂，可采脂提炼松香、松节油；树皮含单宁，可浸提栲胶；松针也可提取松针油；种子含油率很高，种仁含油率高达70%以上。油可

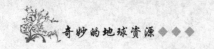
食用，也是上等的工业用油。松子还是著名的干果，除国内大量食用外，每年都有出口，换取外汇。松子除含脂肪外，还含有 17% 的蛋白质及多种维生素，对防治高血压、肺结核等病，是一种良好的滋补品。

杉木是中国特有的主要用材树种，中国劳动人民栽培杉木已有 1000 多年的历史。杉木生长快，产量高，材质好，用途广，是中国南方群众最喜爱的树种之一。中国素有"北松南杉"之说，这里所说的"北松"是红松，而南杉指的就是杉木。

杉木是常绿大乔木，树高可达 30 米以上，胸径可达 3 米，树冠尖塔形，树干端直挺拔。杉木是速生树种，中心产区 20 年生以上的林分，每年可增高 1 米，平均胸径增加 1 厘米，福建南平一片 39 年生的杉木林，每亩蓄积量高达 78 立方米。

杉木在中国分布较广，栽培区域达 16 个省、区。东自浙江、福建沿海山地及台湾山区，西至云南东部、四川盆地西缘及安宁河流域，南自广东中部和广西中南部，北至秦岭南麓、桐柏山、大别山。南岭山地如黔东南、湘西南、桂北、粤北、赣南、闽北、浙南等地区是杉木的中心产区。

杉木是中国最普遍的重要商品用材，材质轻韧，强度适中，质量系数高，木材气味芳香，材中含有"杉脑"，能抗虫耐腐。它广泛用于建筑、桥梁、造船、

千年古杉树

电杆、家具、器具等方面。中国历代帝王建造宫殿、王府、园囿、庙宇等，多采用巨杉作栋梁。早在汉代就被用作上等棺木。1972 年，长沙马王堆出

土的一号汉墓里，那具在地下埋了2000多年尸体未腐的女尸，所用的棺材楠板就是杉木。

杉木树皮含单宁达10%，可提取栲胶；根、皮、果、叶均可药用，有祛风燥湿、收敛止血之效。

杉木还是长寿树种。几百年、上千年的古杉树并不少见。如湖南湘乡大杉乡有株相传1000多年的古杉树，高50米，远望如塔，被测量部门定为天然测标。福建宁德县虎见乡彭家村有株千年古杉，胸径2.4米，树冠前后25米，左右21米，树干圆满通直，上下一般粗，被列为全国十大巨杉之一。贵州省习水县羊九乡正坝村，有株全国罕见的特大巨杉，被群众称为"神杉"，树高44.81米，胸径2.33米，全株仅主干材积就达84立方米，被誉为全国"巨杉之冠"。

樟树和楠木都是中国的珍贵用材树种，素以材质优良闻名中外。这两种树都是常绿乔木，高可达40~50米，胸径可达2~3米。主要生长在中国亚热带和热带地区。樟木主要产地是台湾、福建、江西、广东、广西、海南、湖南、湖北、云南、浙江等省区，尤以台湾为多。楠木主要产区为四川、贵州、湖南、福建等省。

樟、楠自古以来为中国人民所喜爱，中国劳动人民栽培和利用樟、楠有2000多年的历史，但大量栽培始于唐代。现在，中国南方各省还保存有不少千年古樟、古楠。如湖南衡阳黄茶岭有两株胸径3米的古樟树，相传唐末农民起义领袖黄巢转战江南时，曾在这两棵树上拴过战马。广西全州大西江乡有棵巨樟，树高30米，胸径6.6米，巨大树冠遮天蔽日，荫地1公顷，树龄在2000年以上。

樟、楠二木，材质细腻，纹理美观，清香四溢，耐湿、耐朽、防腐、防虫，为上等建筑和高级家具用材。楠木清代称为"大木"，明、清两代大规模用于宫殿、陵墓、王府等建筑。北京明十三陵棱恩殿内的60根浑圆通直楠木大立柱，就是用南方林区出产的楠木制作的。

樟树全身都是宝，用樟树根、茎、枝、叶提炼的樟脑和樟油，是一种特殊工业原料。如制造胶卷、胶片、乒乓球用的"赛璐珞"，都离不开樟脑。樟

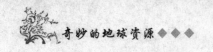

脑和樟油，在医药、火药、香料、防虫、防腐等方面都有广泛的用途。

水杉是落叶大乔木，高可达 30～40 米以上，胸径可达 2 米以上。水杉是个古老稀有的树种，早在中生代上白垩纪（距今约 1 亿年）即诞生在北极圈的森林里。到晚白垩纪以后至第三纪，水杉的足迹遍布欧亚大陆和北美。但在第四纪时，北半球北部冰期降临，水杉类植物遭受冻害而灭绝。好多世纪以来，世界植物学家坚信水杉在地球上已不复存在，成为"化石"。所以，当 20 世纪 40 年代中国植物学家在湖北利川市深山中发现水杉树种并公诸世后，震惊世界，人们就把中国的水杉誉为植物"活化石"。以后，又在湘西等地相继发现了古水杉。如湖南省龙山县洛塔乡发现的 3 棵大水杉，高过 10 层大楼，胸围 4 人合抱不住。其中在泡木大队的一棵，高 41 米，胸围 5.8 米。树干两侧有两根水桶粗的古藤，盘绕而上，当地群众称之为"双龙抱玉柱"。这几棵古水杉，树龄均在 300 年左右，与湖北利川市的水杉不相上下。

水杉树干纹理通直，材质轻软，干缩差异小，易加工，油漆及胶粘性能良好，适于建筑、造船、家具等用材。水杉材管胞长，纤维素含量高，又是良好的造纸用材。

1949 年后，水杉开始在国内各地引种。现在北至北京、延安、辽宁南部，南及两广、云贵高原，东临东海、黄海之滨及台湾，西至四川盆地都有栽植。特别是江苏省扬州市成片造林达数万亩；江苏省太仓市百里海堤栽植的水杉护堤林已蔚然成林。

水杉在国外引种遍及亚、非、欧、美等 50 多个国家和地区，生长良好。一个树种引种地区如此之广，适应能力如此之强，实属罕见。这一古老树种，将在全世界茁壮成长。

银杏树同水杉树一样，也是中国现存植物中最古老的孑遗植物，被称为"活化石"。银杏树是落叶大乔木，高可达 40 米以上，胸径可达 4 米以上，树龄可达几千年。银杏在中国有悠久的栽培历史，早在汉末三国时，江南一带就有人工栽植，宋朝以后，向北扩展到黄河流域。现在，中国北至辽南，南至粤北，东起台湾，西北至甘肃，20 多个省区都有种植。主产区在四川、广西。广西灵川县有一个乡方圆百里有2万多株银杏，好年景可产白果100多万千克，是中国有名的"白果之乡"。

银杏树具有与众不同的生物学特性，它有雌雄之分，有很强的"生儿育女"能力，即使雌雄两树身处两地，那异常细小的雄花粉，也可凭借风力飞出十里之遥，去与雌株交配，繁育后代。银杏在科学上有一种特殊价值，它的精子具有鞭毛，会游动，保存了2亿年前祖先

被誉为"活化石"的银杏树

的特性，是科学家研究原始裸子植物的"活化石"。

银杏树是一种长寿树，上千年的古银杏树，全国各地都有。如山东省莒县定林寺前的一棵古银杏树，高24米，胸围15.7米，树龄3000多岁，尚能开花结实。

森林的馈赠

我们在前文中已经提到了作为"地球之肺"的森林对人类的作用，也提到了森林可以为人类提供各种各样的美木良材。这些作用，我们在日常生活中可能不会有太深的感触，但是如果说到森林为人类提供的各种油料、水果和副食，那就和每个人的生活都息息相关了。

油料和水果都是由经济林木所提供的。在中国的绿色宝库中，丰富多彩的经济林木也是一大宝藏。在为数众多的经济林木中，面积大、分布广、产量高、栽培历史悠久和在国计民生中以及出口方面占有重要地位的，不

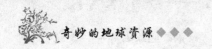

下一两百种。我们在这里只能挑选几种作为代表，简要地介绍一下。

中国特有的一种木本油料作物是油茶。全国有油茶林366万多公顷，70多个品种，年产茶油1.5亿千克左右。中国劳动人民食用茶油和栽培油茶，已有几千年的历史，有丰富的经验。

中国的油茶林分布范围很广，主要分布在湖南、湖北、江西、浙江、四川、贵州、广东、广西、福建等省区。油茶生长快，结实早，寿命长。在土壤、气候适宜的条件下，栽后三四年即开花结果，15年进入盛果期，可连续结果70~80年，在条件优越的地方，树龄150年以上的油茶树仍硕果累累。油茶树是"抱子怀胎"，即老果尚未摘下，新花又绽开。南方群众称赞说："油茶常年不空丫，老果未收开新花"。这是别的油料树所不及的。

油茶树多数为常绿小乔木，高4~6米，胸径20~30厘米。但也有高大的油茶树，如广东广宁县有一种红花油茶，树高达15米，胸径50厘米，堪称"油茶巨人"，单果平均重500克左右。

油茶经济价值很高，浑身是宝。种仁含油率为37%~52%。茶油是一种不干性油，耐贮藏，色清味香，是很好的食用油，深受产区群众欢迎。茶油可做润滑油、防锈油、人造奶油、生发油、凡士林、肥皂、蜡烛等，亦可入药，在国际市场上颇为畅销。茶枯可炼汽油，沤制沼气；富含氮、磷、钾，是良好的有机肥料。茶枯杀虫效果较好，是制造土农药的重要原料。果壳、种壳可制活性炭、栲胶和碱等。

油茶是我国南方的木本油料植物。文冠果则是中国北方地区特有的油料树种，有1000多年栽培历史。主要分布在陕西、山西、内蒙古等省区。

文冠果经济价值很高，种子含油率为30%~36%，种仁含油率为55%~66%，油质好，色泽清，味道香，有"北方茶油"之称。种仁还含有26.7%~29.6%的蛋白质，比核桃仁还高一倍。古书中称其果为"子本嘉果，瓤如栗子"，还是名副其实的好干果。果油含油酸57.16%，亚油酸36.9%，饱和酸5.94%，它是制取油酸和亚油酸的好原料。亚油酸是益寿宁（治高血压病）的主要成分之一。所以，经常食用文冠果油，能增进身体健康。文冠果叶含有水杨甙和黄酮醇等甾醇，对风湿病和遗尿病有一定疗效。

文冠果树型婆娑，花香多姿，初开白花，后由白变黄，由黄变红，由红变紫，绚丽多彩，是珍贵的观赏树种。世界许多国家慕名向中国索取种子，用于美化庭院、公园。

说完了木本油料植物，我们再来看看森林为我们提供的水果。森林中盛产各种水果，不可能一一介绍，我们在这里只介绍一下北方的红枣和南方的龙眼。

中国是世界上产红枣最多的国家。红枣的品种、质量和产量都居世界首位。全国有枣林面积24万多公顷，有四五百个品种，年产鲜枣3.5亿千克。主要品种有金丝小枣、大枣、灰枣、相枣、圆枣、无核枣、乌义大枣等。中国枣林分布范围较广，主产区为甘肃、陕西、河

结满果实的枣树

北、河南、山东、北京等地。中国劳动人民栽培红枣已有3000多年的历史。

枣树也是旱涝保收，特别是旱年结实更多，素有"旱枣涝柿子"之说，古时候，人们常贮枣备荒。

枣树结果期早，俗话说："桃三杏四梨五年，枣树当年就还钱。"一年栽树，百年受益。一般结果期达一两百年，上千年的古枣树仍有结果的。

红枣味甜可口，营养丰富，鲜食、干食、生食、熟食均可。鲜枣含糖量20%～36%，干枣含糖量55%～80%，并富含蛋白质、脂肪、有机酸和多种维生素等。维生素C含量最高，每百克红枣含380～600毫克，比苹果多60～70倍。故民间有"每日吃三枣，一辈子不显老"的说法。

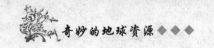

红枣可加工成蜜枣、乌枣、牙枣、醉枣、脆干枣等食品，可酿酒、提炼香精等。枣树又是重要的蜜源植物。枣花蜜色清味香，糖分高，为优质蜜，也是传统出口商品。

红枣有重要药用价值。据《本草纲目》介绍，大枣味甘无毒，主治心腹邪气，有益气、补血、养胃、安神之功，可治疗身体虚弱之症，久服轻身延年，坚志强力。枣叶含醋醇、小蘗碱，可治小儿时气发热、疮疖；枣枝熬膏，可消肿毒；枣核可治胎疮、牙疳、遗精；树皮可祛痰、镇咳、消炎、止血；枣树根主治关节痛、胃痛、月经不调等。中医用药多以红枣数枚为引子，是有科学道理的。

龙眼则是热带果树，原产于中国南方，已有 2000 多年栽培历史。由于它在百果中久享盛名，所以在历史上一向作为皇家的贡品。

古代传说，有一年轻樵夫，一日在山中发现一种味道很美的果子，带回让其双目失明的老母品尝，其母食后，双目复明。后人遂将此果取名为"龙眼"果。

龙眼树龄较长，生长期一般为百年左右，树冠繁茂，终年碧绿，尤其在盛夏 8 月龙眼成熟时，碧叶之中挂着一穗穗沉甸甸的淡黄果实，煞为好看。

龙眼也叫桂圆，有 230 多个品种，其中有肉厚、味道甘美、外形圆饱而驰名中外的兴化桂圆；也有肉厚、质脆、色如凝脂、晶莹润泽的"东壁"桂圆。根据其颗粒大小，又可分为大三元、大四元、大五元、中元四种。

龙眼肉果鲜嫩，润泽晶莹，汁多味甜，清香可口，营养丰富。含有多种维生素及葡萄糖、蛋白质、脂肪等成分。有健脾益神，养血补心的功效。在药用上可用于治疗贫血、胃痛、久泻、崩漏等症。龙眼树根、叶、花果均可入药。根、干还可提取栲胶；果实含淀粉，可酿酒，也可磨粉做家禽饲料。花多且花期长，是极好的蜜源树种。龙眼蜜，是蜜中珍品。

龙眼在中国以两广、海南及福建分布较多，而以福州以南诏安沿海 30 ~ 60 千米一带，为栽培龙眼的最佳地区。

森林中还有一种宝藏，那就是我们平时食用的各种副食。在中国的绿色宝库中，有着成千上万种多不胜收的林副产品，我们在这里仅介绍一下各种食用菌。

森林中菌类植物品种繁多，能食用的有一两百种。最长食用和产量最多的有香菇、黑木耳、白木耳（银耳）、猴头、松蕈等。林中的食用菌不仅味道鲜美，营养价值高，还具有治病、健身、滋补及抗癌的效能。

香菇具有营养上的 5 种成分——蛋白质、脂肪、碳水化合物、矿物质、维生素等，这是其他食品所无法代替的。香菇所含蛋白质中有 18 种氨基酸，人体所必需的 8 种氨基酸，香菇就含有 7 种。据日本科学家研究，香菇还有较强的抗癌作用。

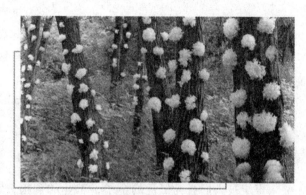

树上长满了白木耳

香菇在中国各地均有大量生产。据不完全统计，仅国有林区每年采集的野香菇和人工培养的香菇即达五六千吨。中国生产的香菇，主要是供国内自用，同时，每年都有一定数量出口。

白木耳又称银耳，是食用菌中的珍品，营养价值很高，在我国很早就作为高级滋养品。它含有胶质、磷质、蛋白质及多种维生素。在医药上有滋阴、补肾、润肺、生津、提神、补血、强身等作用。故对肺病、贫血病、肠胃病、血崩及一切虚弱病，都有一定疗效。中国的白木耳与黑木耳，在国际市场上享有很高声誉，远销欧美及东南亚各国，尤其是东南亚华侨，更以白木耳作为招待外宾的上品。

中国生产白木耳，主要有四川、云南、贵州、湖北、福建等省，尤以四川省通江县出产最多，质量也好。湖北省保康农民生产白木耳收入占农副业总收入的 40％以上。

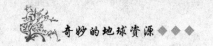

动力之源——矿物燃料

煤是怎样形成的

煤炭被人们誉为黑色的金子，工业的食粮，它是 18 世纪以来人类世界使用的主要能源之一。虽然它的重要位置已被石油所代替，但在今后相当长的一段时间内，由于石油的日渐枯竭，必然走向衰败，而煤炭因为储量巨大，加之科学技术的飞速发展，煤炭汽化等新技术日趋成熟，并得到广泛应用，煤炭仍是人类生产生活中的无法替代的能源之一。

煤炭是古代植物埋藏在地下经历了复杂的生物化学和物理化学变化逐渐形成的固体可燃性矿物。

煤炭是千百万年来植物的枝叶和根茎，在地面上堆积而成的一层极厚的黑色的腐植质，由于地壳的变动不断地埋入地下，长期与空气隔绝，并在高温高压下，经过一系列复杂的物理化学变化等因素，形成的黑色可燃沉积岩，这就是煤炭的形成过程。

一座煤矿的煤层厚薄与这地区的地壳下降速度及植物遗骸堆积的多少有关。地壳下降的速度快，植物遗骸堆积得厚，这座煤矿的煤层就厚；反之，地壳下降的速度缓慢，植物遗骸堆积得薄，这座煤矿的煤层就薄。又由于地壳的构造运动使原来水平的煤层发生褶皱和断裂，有一些煤层埋到地下更深的地方，有的又被排挤到地表，甚至露出地面，比较容易被人们发现。还有一些煤层相对比较薄，而且面积也不大，所以没有开采价值。

煤炭的形成还可能与地质时期的洪水有关。我们可以想象一下，在千百万年前的地质历史期间，由于气候条件非常适宜，地面上生长着繁茂高大的植物，在海滨和内陆沼泽地带，也生长着大量的植物。那时的雨量又是相当的充沛，当百年一遇的洪水或海啸等自然灾害降临时，就会淹没了草原、淹没了大片森林。那里的

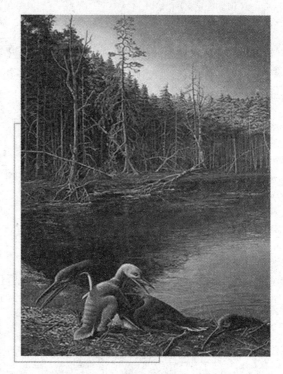

煤炭是地质时期植物遗骸形成的

大小植物就会被连根拔起，漂浮在水面上，植物根须上的泥土也会随之被冲刷得干干净净，这些带着须根和枝杈的大小树木及草类植物也会相互攀缠在一起，顺流漂浮而下，一旦被冲到浅滩、湾叉就会搁浅。它们就会在那里安家落户，并且像筛子一样把所有的漂浮物筛选在那里，很快这里就会形成一道屏障，并且这个地方还会是下次洪水堆积植物残骸（也会有许多动物的残骸）的地方。当洪水消退后，这里就会形成一道逶迤的堆积植物残骸的丘岭，再经过长期的地质变化，这座植物残骸的丘岭就会逐渐地埋入地下，最后演变成今天的煤矿。

那么，也许有人会问，近些年中国遭受过几常罕见的水灾，为何没有出现动植物遗骸堆积成的丘岭呢？这是因为目前的森林覆盖率很低，而且有森林的地方多在高海拔地区，在平原到处是粮田，几乎到了没有什么森林可淹的境地，只不过是淹没了一些农田的防护林，并且农田防护林的树

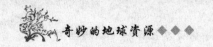

木很稀少，而且树木的根须又十分的发达，抓地抓得十分牢固，短时间的浸泡、冲击不会造成多大危害。而森林中的树木就不同了，很多树木都挤在一起生活，它们为了吸食太阳的能量，拼命地往上长，根须并不发达，一旦一处树木被洪水连根拔起，就会连带成片的树木被洪水毁掉，就如同放木排一样，顺流漂浮而下，势不可挡，最后全部堆积在一个地方。

另外，由于人类对大自然认识的增强，抵御突发性自然灾害的能力不断提高，兴修水利，筑起坚固的堤坝，加固江堤、河堤，大大地减缓了凶猛洪水的冲击力，泛滥的现象少了，甚至乖乖地听从人类的召唤，并把凶猛的洪水变成了电能、动能、热能，造福于人类，服务于人类社会。

不仅洪水有搬运动植物这样的能力，而且潮汐、台风、海啸也具备这样的能力。由于地震、火山喷发等因素引起的海啸，可以使海浪掀起三四十米高，并且在顷刻之间把一个岛屿上的动植物扫荡一空，把海岸线附近的一切生物全部洗劫。

再者，地球表面上的物质不可能永久地一成不变地等待着地球进行沉降运动的，而且地球表面上的物质是在不断地循环流动着的。这就说明有些地方存在着优质的煤矿，而另一些地方连一点煤屑也没有，这种状况与洪水的搬运作用有很大的关系。

地质学家把煤炭形成的过程称为"成煤作用"。成煤作用可以分为两个阶段。一般认为，成煤作用分为泥炭化阶段和煤化阶段。泥炭化阶段主要是生物化学过程，煤化阶段主要是物理化学过程。

在泥炭化阶段，植物残骸既分解又化合，最后形成泥炭或腐泥。泥炭和腐泥都含有大量的腐殖酸，但成煤植物有很大不同。泥炭是腐殖煤的一种，是由高等植物形成的，在自然界中分布最广。根据其煤化程度不同，可分为泥炭、褐煤、烟煤和无烟煤四大类。腐泥是由低等值物（以藻类）和浮游生物经过部分腐解形成的，亦称腐泥煤，包括藻煤、胶泥煤和油页岩等。

煤化阶段主要是指由泥炭向褐煤、烟煤、无烟煤转化的漫长的成煤变质阶段。该阶段主要包含两个连续的过程：

第一个过程：在地热和压力的作用下，泥炭层发生压实、失水、肢体老化、硬结等各种变化而成为褐煤。褐煤的密度比泥炭大，在组成上也发生了显著的变化，碳含量相对增加，腐值酸含量和氧含量减少。因为煤是一种有机岩，所以这个过程又叫做成岩过程。

第二个过程是褐煤转变为烟煤和无烟煤的过程。在这个过程中煤的性质发生变化，所以这个过程又叫做变质作用。地壳继续下沉，褐煤的覆盖层也随之加厚，在地热和静压力的作用下，褐煤继续经受着物理化学变化而被压实、失水。其内部组成、结构和性质都进一步发生变化，整个过程就是褐煤变成烟煤的变质作用，烟煤比褐煤碳含量增高，氧含量减少，腐值酸在烟煤中已经不存在了，烟煤继续进行变质作用。由低变质程度向高变质程度变化，从而出现了

埋藏较浅的煤层

低变质程度的长焰煤、气煤，中等变质程度的肥煤、焦煤和高变质程度的瘦煤、贫煤。它们之间的碳含量也随着变质程度的加深而增大。

煤是工业的粮食

元代初期，意大利旅行家马可·波罗到中国旅行，从 1275 年 5 月到内

蒙多伦西北的上都，至 1292 年初离开中国，游历了新疆、甘肃、内蒙、山西、陕西、四川、云南、山东、浙江、福建和北京。

他在各地看到中国人用一种"黑乎乎"的石头烧火做饭，还用来炼铁，感到很新奇，后来还把它带回欧洲。因为欧洲人都是用木炭作燃料，还不知道这种黑石头为何物。

马可·波罗回国后，在威尼斯和热那亚的战争中被俘，在狱中口述了在中国的见闻，由同狱的鲁思梯谦笔录成《马可·波罗游记》，其中专门谈到了中国这种可以炼铁的"黑石头"及其用法。这种"黑石头"就是人人皆知的煤。欧洲人那时不知道煤可以作燃料。直到 16 世纪，欧洲人才开始用煤炼铁。煤有很高的热值，能熔炼熔点很高的铁，欧洲炼铁比中国要晚 1000 多年，这和不知道煤的作用有很大关系。

马可·波罗

考古学家证明，我国早在汉代就已普遍用煤作燃料。在河南巩县铁生沟和古荣镇等西汉冶铁遗址都发现了煤饼和煤屑。在《后汉书》中记载："县有葛乡，有石炭二顷，可燃以爨。"意思是，该县有一处叫葛乡的地方，那里有二顷地的范围生产石炭，它可用来烧饭。可见，当时用煤烧火做饭在民间已经普及。

到晋代及十六国时期，采煤炼铁已传到边疆。古书《水经注·河水篇》记载："屈茨北二百里有山（即突厥金山），人取此山石炭，冶此山铁，恒充三十六国用。"说明当时用煤来冶炼铁的规模之大。

古时，人们把煤称为石炭、石涅或石墨等，别看其貌墨黑，却也成为古人赋诗的对象。如南朝陈代的张居正写有"奇香分细雾，石炭捣轻纨"的诗句。唐代李峤存有诗："长安分石炭，上党结松心。"

虽然我国使用煤的历史要比欧洲早，但是煤被称为"工业的粮食"却是从欧洲开始的。煤被广泛用作工业生产的燃料，是从18世纪末的工业革命开始的。随着蒸汽机的发明和使用，煤被广泛地用作工业生产的燃料，给社会带来了前所未有的巨大生产力，推动了工业的向前发展，随之发展起煤炭、钢铁、化工、采矿、冶金等工业。煤炭热量高，标准煤的发热量为7000大卡/千克。而且煤炭在地球上的储量丰富，分布广泛，一般也比较容易开采，因而被广泛用作各种工业生产中的燃料。

煤炭除了作为燃料以取得热量和动能以外，更为重要的是从中制取冶金用的焦炭和制取人造石油，即煤的低温干馏的液体产品——煤焦油。经过化学加工，从煤炭中能制造出成千上万种化学产品，所以，它又是一种非常重要的化工原料，如我国相当多的中、小氮肥厂都以煤炭作原料生产化肥。我国的煤炭广泛用来作为多种工业的原料。大型煤炭工业基地的建设，对我国综合工业基地和经济区域的形成和发展起着很大的作用。

此外，煤炭中还往往含有许多放射性和稀有元素如铀、锗、镓等，这些放射性和稀有元素是原子能和半导体工业的重要原料。

煤炭对于现代化工业来说，无论是重工业，还是轻工业；无论是能源工业、冶金工业、化学工业、机械工业，还是轻纺工业、食品工业、交通运输业，都发挥着重要的作用，各种工业部门都在一定程度上要消耗一定量的煤炭，因此，有人称煤炭是工业的"真正的粮食"。

我国是世界上煤炭资源最丰富的国家之一，不仅储量大，分布广，而且种类齐全，煤质优良，为我国工业现代化提供了极为有利的条件。

但是，近几十年来，烧煤给大气造成的严重污染已引起人们的抱怨。前几年，就在四川重庆和贵州地区发现，居民身穿的衣服遭雨淋之后，很容易损坏。分析证明，这是雨水中含有硫酸或碳酸而引起的，称为酸雨。雨中怎么会有酸呢？主要是因大量烧煤造成的。

目前，中国使用的煤炭占能源的70%以上，煤炭中含有硫，燃烧时这些硫变成二氧化硫气体，排放到大气中。下雨时，这些气体溶解在雨水中就变成硫酸，成为酸雨，排放的二氧化碳遇水也会变成碳酸。据环保部门监测，我国二氧化硫污染最严重的城市，平均浓度达到了0.12毫克/千克，

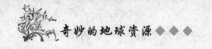

大大超过了安全标准。烧煤排放到空气中的粉尘也相当高，有些已达到1.433毫克/立方米。

1991年，我国因烧煤等烧料排出的污染物估计达10亿立方米，其中二氧化硫排出量达1600万吨，有些城市每平方千米的积尘少的有3吨多，最多的达到51吨多。

煤炭在燃烧过程中排放的气体造成了环境污染

烧煤产生的大量二氧化碳还会使地球气温升高，产生所谓的温室效应。科学家们指出，温室效应会使南极冰川融化，使海平面水位上升，世界上许多沿海城市可能遭到"水漫金山"之患，甚至遭没顶之灾。如果大气温度升高3～5℃，南极冰帽会基本消失，海平面会上升4～5米。美国大陆48个州将减少1.5%的陆地面积，有6%的人口必须搬迁。亚洲人口密集的沿海地区，包括恒河、湄公河、伊洛瓦底江、长江、珠江入海口及印度尼西亚的人口密集的岛屿，都会受到威胁。尽管温室效应造成的影响是缓慢的，但日积月累，在几十年至一百年之内还是会造成严重的经济损失和财产的付之东流。因此，节省燃料，减少有害气体和二氧化碳的排放，已成为当今世界环境保护中最重要的课题之一。

中国的煤炭资源

中国是世界第一产煤大国，也是煤炭消费的大国。2015年，中国煤炭探明可采储量达15663亿吨，居世界第三位，全年煤炭消费量约33.8亿吨。煤炭行业已经成为国民经济高速发展的重要基础。

中国主要煤矿分布

中国煤炭资源分布面广，除上海市外，全国30个省、自治区、直辖市都有不同数量的煤炭资源。在全国2100多个县中，1200多个有预测储量，已有煤矿进行开采的县就有1100多个，占60%左右。从煤炭资源的分布区域看，华北地区最多，占全国保有储量的49.25%，其次为西北地区，占全国的30.39%，依次为西南地区，占8.64%，华东地区占5.7%，中南地区占3.06%，东北地区占2.97%。按省、市、自治区计算，山西、内蒙古、陕西、新疆、贵州和宁夏6省区最多，这6省的保有储量约占全国的81.6%。

中国煤炭资源不但分布广泛，而且种类较多，在现有探明储量中，烟煤占75%、无烟煤占12%、褐煤占13%。其中，原料煤占27%，动力煤占73%。动力煤储量主要分布在华北和西北，分别占全国的46%和38%，炼焦煤主要集中在华北，无烟煤主要集中在山西和贵州两省。

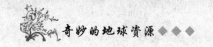

中国煤炭质量，总的来看较好。已探明的储量中，灰分小于10%的特低灰煤占20%以上；硫分小于1%的低硫煤约占65%～70%；硫分在1%～2%间的约占15%～20%。高硫煤主要集中在西南、中南地区。华东和华北地区上部煤层多低硫煤，下部多高硫煤。

由以上数据可以看出我国煤炭资源分布有五大特点。第一个特点是煤炭资源与地区的经济发达程度呈逆向分布。我国煤炭资源在地理分布上的总格局是西多东少、北富南贫，而且主要集中分布在目前经济还不发达的山西、内蒙古、陕西、新疆、贵州、宁夏等6省区，它们的煤炭资源总量占全国煤炭资源保有储量的81.6%。而我国经济最发达，工业产值最高，对外贸易最活跃，需要能源最多，耗用煤量最大的京、津、冀、辽、鲁、苏、沪、浙、闽、台、粤、琼、港、桂等14个东南沿海省市只有煤炭资源量仅占全国煤炭资源总量的5.3%，资源十分贫乏。其中，我国最繁华的现代化城市——上海所辖范围内，至今未发现有煤炭资源赋存。

我国煤炭资源赋存丰度与地区经济发达程度呈逆向分布的特点，使煤炭基地远离了煤炭消费市场，煤炭资源中心远离了煤炭消费中心，从而加剧了远距离输送煤炭的压力，带来了一系列问题和困难。

第二个特点是煤炭资源与水资源呈逆向分布。我国水资源比较贫乏，仅相当于世界人均占有量的1/4，而且地域分布不均衡，南北差异很大。以昆仑山—秦岭—大别山一线为界，以南水资源较丰富，以北水资源短缺。据初步统计，我国北方17个省区的水资源量总量，每年为6008亿吨，占全国水资源总量的21.4%，地下水天然资源量每年为2865亿吨，占全国地下水天然资源量的32%左右。北方以太行山为界，东部水资源多于西部地区。例如，山西、甘肃、宁夏3省区的水资源量仅占北方水资源量的7.5%，地下水天然资源量仅占北方地下水天然资源量的8.9%。这3个省区及其周围的陕西、内蒙古和新疆，年降雨量多在500毫米以下，还有一些地区不足250毫米，加之日照时间长，蒸发量大，水资源十分贫乏。

与此相反，这些地区却蕴藏着丰富的煤炭资源，不仅数量多，而且埋藏相对较浅，煤质好，品种齐全，是我国现今和今后煤炭生产建设的重点地区，也是我国现今与未来煤炭供应的主要基地。

由于这一地区煤炭资源过度集中，并与水资源呈逆向分布，不仅给当地的煤炭生产发展带来了重要影响，而且解决不好，还将制约整个煤炭工业的长远发展，影响煤炭的长期供应问题。因此，开发这一地区的煤炭资源，除了运输困难以外，还突出地存在煤炭生产和煤炭洗选过程中的工业用水和民用水源问题。同时，由于大规模的采矿活动和加大用水，必然要使本来就很脆弱的生态环境进一步恶化，使本来已经得到控制的沙漠继续向外蔓延。

第三个特点是优质动力煤丰富，优质无烟煤和优质炼焦用煤不多。我国煤类齐全，从褐煤到无烟煤各个煤化阶段的煤都有赋存，能为各工业部门提供冶金、化工、汽化、动力等各种用途的煤源。但各煤类的数量不均衡，地区间的差别也很大。

第四个特点是煤层埋藏较深，适于露天开采的储量很少，适于露天开采的中、高变质煤更少。据第二次全国煤田预测结果，埋深在600米浅的预测煤炭资源量，占全国煤炭预测资源总量的26.8%，埋深在600～1000米的占20%，埋深在1000～1500米的占25.1%，1500～2000米的占28.1%。

据对全国煤炭保有储量的初略统计，煤层埋深小于300米的约占30%，埋深在300～600米的约占40%，埋深在600～1000米的约占30%。一般来说，京广铁路以西的煤田，煤层埋藏较浅，不少地方可以采用平硐或斜井开采，其中晋北、陕北、内蒙古、新疆和云

深层煤矿需要深深的矿井才能开采

南的少数煤田的部分地段，还可露天开采；京广铁路以东的煤田，煤层埋藏较深，特别是鲁西、苏北、皖北、豫东、冀南等地区，煤层多赋存在大

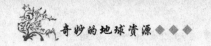

平原之上，上覆新生界松散层多在200～400米，有的已达600米以上，建井困难，而且多需特殊凿井。与世界主要产煤国家比较而言，我国煤层埋藏较深。同时，由于沉积环境和成煤条件等多种地质因素的影响，我国多以薄—中厚煤层为主，巨厚煤层很少。因此可以作为露天开采的储量甚微。

第五个特点是共（伴）生矿产种类多，资源丰富。我国含煤地层和煤层中的共生、伴生矿产种类很多。含煤地层中有高岭土、耐火黏土、铝土矿、膨润土、硅藻土、油页岩、石墨、硫铁矿、石膏、硬石膏、石英砂岩和煤成气等；煤层中除有煤层气（瓦斯）外，还有镓、锗、铀、钛、钒等微量元素和稀土金属元素；含煤地层的基底和盖层中有石灰岩、大理岩、岩盐、矿泉水和泥炭等，共30多种，分布广泛，储量丰富。有些矿种还是我国的优势资源。

高岭土在我国各主要聚煤期的含煤地层中几乎都有分布，并且具有一定的工业价值。其中，以石炭纪—二叠纪最重要，矿层多，厚度大，品位高，质量好。代表性产地有山西大同、介休，山东新汶，河北唐山、易县，陕西蒲白和内蒙古准格尔等地的木节土；山西阳泉、河南焦作等地的软质黏土；安徽两淮、江西萍乡的焦宝石型高岭岩。此外，在东北、新疆和广东茂名等地的煤矿区也发现有高岭岩矿床赋存。

我国所有的耐火黏土几乎全部产于含煤地层之中，已发现的产地多达254处。主要分布在山西、河南、河北、山东、贵州等省。

从以上所述可以看出，我国含煤地层中的共生、伴生矿产资源非常丰富，很有前景。20世纪80年代中期以前，由于受计划经济体制的影响，煤炭开发企业以开采煤炭为主，因此对其共生、伴生的矿产资源研究得不多，开发利用很少。近几十年来，我国对共、伴生矿的综合开发和利用已经有了很大的发展。

石油是怎样形成的

石油作为一种重要的能源，在国际市场上的价格越来越高。如果离开了石油，飞机、轮船、汽车以及工厂里的很多机器都将无法正常工作。但是关于"石油是怎样形成的"这个问题，科学家至今仍在争论不休。

1763年，俄国科学家罗蒙诺索夫首先表明观点：石油起源于植物。1876年，俄国化学家门捷列夫提出了"碳化说"。他认为，地球上有丰富的铁和碳，在地球形成初期，它们可能化合成大量碳化铁，以后又与过热的地下水作用，就生成碳氢化合物。碳氢化合物沿着地壳裂缝上升到适当的部位储存凝结，最终形成石油。但这一假说的不足之处是：地球深处的碳化铁含量极其微小，并且地球内部的高温也使地下水无法到达地球深处。

1866年，勒斯奎劳第一个提出了石油的有机成因说，认为石油可能是由古代海生的纤维状植物沉积到地层以后慢慢转化而成的。1888年，杰菲尔指出石油是海生动物的脂肪经过一系列变化而形成的。20世纪30年代，苏联的古勃金又提出了石油的"动植物混合成因说"；20世纪40年代，有人还提出石油的"分子生油说"，即油烃类是沉积岩中的分散有机质在成岩作用早期转变而成的。

门捷列夫

19世纪末，俄国科学家索科洛夫提出了"宇宙成因"假说。他认为，在地球还处在溶融的火球状态时，吸收了大量原始大气中的碳氢化合物。随着原始地球不断冷却，这些碳氢化合物逐渐凝结埋藏，并在地壳中形成石油。

1951年，苏联地质学家创立了"岩浆说"。他们认为，石油是在地球深部的岩浆作用中形成的。地球深处的岩浆里面，不仅有碳和氢，而且有氧、碳、氮等元素。在岩浆从高温到低温的变化过程中，这些元素进行了一系

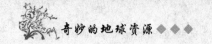

列的化学反应，从而形成甲烷、碳氢化合物等一系列石油中的化合物。伴随着岩浆的侵入和喷发，这些石油化合物在地壳内部迁移、聚集、最终形成石油矿藏。

石油容易流动。人们找到石油的地方，往往不是它的"出生地"。在长距离的迁移过程中，石油原来的成分、性质都可能发生变化。这又为研究石油成因问题增添了不少困难。因此，石油形成的原因至今仍然众说纷纭。

但是一般认为，石油的成因和煤有着相似之处，它是地质时期动植物遗骸经过一些化学和物理变化而形成的。

石油的化学成分，暴露了它的来源，它是有机物，应当与古代生物有关系。一部分科学家认为，石油是伴随着沉积岩的形成而产生的。远古时期繁盛的生物制造了大量的有机物，在流水的搬运下，大量的有机物被带到了地势低洼的湖盆或海盆里。在自然界这些巨大的水盆中，有机物与无机的碎屑混合，并沉积在盆底。宁静的深层水体是缺乏氧气的还原环境，有机物中的氧逐渐散失了，而碳和氢保留下来，形成了新的碳氢化合物，并与无机碎屑共同形成了石油源岩。

在石油源岩中，油气是零散地分布的，还没有形成可以开采的油田。此时，水盆底部的沉积物，在重力的作用下，开始下沉。在地下的压力和高温的影响下，沉积物逐渐被压实，最终变成沉积岩。而液体的石油油滴群拒绝变成岩石，在沉积物体积缩小的过程中，它们被挤了出来，并聚集在一处，由于密度比水还轻，所以石油开始向上迁移。幸运的话，在岩石裂隙中穿行的石油，最终会遭遇一层致密的岩石，比如页岩、泥岩、盐岩等，这些岩石缺少让石油通过的裂隙，拒绝给石油发通行证，石油于是停留在致密岩层的下面，逐渐富集，形成了油田。含有石油的岩层，叫做储集层，拒绝让石油通过的岩石，叫做盖层。如果没有盖层，石油会上升回到地表，最终消失在地球历史的尘烟中，保留不到人类出现的时候。

科学家在研究的时候还发现可能是生物的演化改变了石油的性质。由于石油的原料是生物的遗骸，因此，调查石油的性质便可以得知古老时期的生物演化过程和地球环境历史。

生命的演化大概有下述的过程。生命是于38亿年前诞生，并逐渐地进行演化，到了距今5.5亿年前的古生代寒武纪时期，爆发性的演化才开始，大约4.45亿年前，生命也登上了陆地。

4.4亿~4亿年前时期，石油源岩的主要成分是当时繁茂的浮游植物所形成的耐碳氢化合物。另一方面，羊齿类植物在此时期繁盛于海岸近处，因此以陆上植物为原料的石油源岩也出现了。

2.9亿年前，广大的陆地普遍出现由裸子植物组成

裸子植物的主要类群

裸子植物加速了新性质石油源岩诞生

的森林，并到处形成被沼泽地包围的湖沼，藻类便在湖沼中开始繁殖。由此也产生了以藻类为原料的新种石油源岩，这也是陆上植物的繁盛促使新性质石油源岩诞生的一例。

9000万年前时期，被子植物和针叶树林开始逐渐扩张到高纬度地区和高地，因而出现以陆地木材为原料的石油源岩。另一方面，树木的树脂成为轻质原油的原料，形成新的石油源岩。针叶树林的增加竟使得木材取代了藻类，成为石油源岩的主要原料。

最近，石油性质的分析技术有长足的进步，科学家已可以取得有关石油原料性质，以及由热能引起的变化过程等的详细资料。由此种资料即能进一步了解原料生物遗骸逐渐堆积时的环境状况。

大约1.7亿~200万年前所发生的全球性规模"阿尔卑斯造山运动期"也造出了巨油田，在此时期，分布于广大范围的1亿年前前后形成的石油源

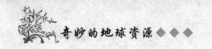

岩都没入地中。现有的石油和天然气有大约2/3就是此时期形成的。

石油是工业的血液

石油是由一种生油母质经过长期的地质作用和生物化学作用而转化形成的矿物能源。石油是以液态碳氢化合物为主的复杂混合物。其中碳占80%~90%，氢占10%~14%，其他元素有氧、硫、氮等，总计占1%，有时可达2%~3%，个别油田含量可达5%~7%。

石油多分布于低地和盆地，如山间盆地、滨海及近海大陆架等地区。世界石油资源主要集中在中东、非洲、俄罗斯、美国、南美、西欧和印度尼西亚沿海地区。世界石油消费量增长很快，1960年只有10.5亿吨，1986年就增加到38.7亿吨。

石油在工业生产中是一种重要的燃料动力资源，它的许多优点是其他燃料所无法比拟的。如，在物理性质上，石油是可以流动的液体，比重小于水，比其他燃料容易开采；占有的容积小，容易运输。同时，与一般燃料比较，它的可燃性好，发热量高，1千克石油燃烧起来可以产生1万多千卡（1千卡=4.18千焦）的热量，比煤炭的发热量高1倍，比木柴的发热量高4~5倍。此外，石油又有易燃烧、燃烧充分和燃后不留灰烬的特点，正合于内燃机的要求。所以，在陆地、海上和空中交通方面，以及在各种工厂的生产过程中，石油都是重要的动力燃料。在现代国防方面，新型武器、超音速飞机、导弹和火箭所用的燃料都是从石油中提炼出来的。

石油除用作工业燃料外，还是重要的化工原料。现代有机化学工业就建立在石油、煤炭、天然气等资源的综合利用之上。从石油中可提取几百种有用物质，其经济价值远远超过作为燃料燃烧的经济意义。石油化工可生产出成百上千种化工产品，如塑料、合成纤维，合成橡胶、合成洗涤剂、染料、医药、农药、炸药和化肥等等。石油产品不仅在民用中占有重要地位，现代化的工业、农业、国防都需要石油及石油产品，尤其对工业意义重大。

由于石油具有优越的物理、化学性质，作为能源，有很高的发热量；作为原料，不仅产量大，而且广泛用于国民经济和各个部门。石油化工产品几乎能用于所有的工业部门

汽车所需的汽油或柴油都是从石油中提炼出来的

中，是促进国民经济和工业现代化的重要物质基础，现代化的工业离不开石油，就像人体离不开血液一样。因此，石油被称为"工业的血液"。

其实，石油在成为"工业的血液"之前的漫长岁月里，就已经被人们发现和利用了。中国是世界上开采和利用石油最早的国家。早在西周时期，人们就观察到石油浮出水面燃烧的现象。因此在古书《易经》中有"泽中有火"的记载，即看到沼泽水面上的石油着火。

《汉书·地理志》和《汉书·郡国志》也记述在陕西和甘肃玉门很早就发现过石油，说在上郡高奴（今陕西延长一带）有一种可以燃烧的水，书上写的是"洧水可燃"。在甘肃酒泉一带有一种水像肉汤一样黏乎乎的，点燃后可以发出很亮的火。当时的人把这种东西叫石漆，用于油漆木器。其实这些"水"，就是石油。

古时候，中国的石油有许多别名，有人叫它为石脂水，因为它常从石头缝中流出来。有人叫它雄黄油，因为它燃烧时浓烟滚滚，发出一股股硫磺气味。到了宋代，在我国著名科学家沈括写的《梦溪笔谈》那本书中，石油这个名字才正式出现，而后一直沿用至今。

我国古代的石油，主要不是作为能源燃料，而是用来制作润滑剂，或用石油燃烧时的烟灰作墨。用它点灯照明的当然也有。

我国人工开采石油的历史也很早，1303年出版的《大元大一统志》中记载说，在延长县迎河开石油井，其油可燃，兼治六畜疥癣。明曹学佺著《蜀中广记》中还记载了1521年在四川嘉州（今乐山）开盐井时打入含油

地层，凿成了一口深度至少几百米的石油竖井，利用它来作为熬盐的燃料。

在西方，到1859年，美国人埃德温·德雷克才在宾夕法尼亚州的泰特斯维尔钻成第一口石油井，比我国晚500多年。但我国近代的石油开采较晚，特别是在技术上很落后。直到中华人民共和国成立后，石油的开采才出现了新的局面。

2017年，我国年产石油达1.92亿多吨，但依然供不应求。因为石油比煤更为有用，它可以用来作为火车、汽车、飞机等交通工具的燃料，比烧煤方便得多。

在西方，对石油的依赖就更为严重，一旦石油缺乏，对社会的打击就非同一般。例如，1973年阿拉伯和以色列之间发生战争，阿拉伯对支持以色列的西方国家实行石油禁运，给英美等以石油作为主要能源的国家以沉重的一击。当时，许多汽车成了一堆不能动弹的"甲壳虫"。居民怨声载道。大量的公司企业因缺少石油能源而大幅度减产，形成了20世纪70年代震惊世界的能源危机。

而且，随着人们对石油的不断开采，现在很多油井的出油量大不如前。因此，科学家想了很多办法来改变这种状况。

石油通常在地下的石缝中藏着，因黏性大不易流动，如果压力不够大，还流不出来。英美等国自1989年以来，石油大量减产。原因就是油井给的压力不够，油流不出来。在美国，这种"躲"在石缝内的石油就有3400亿桶。几乎是美国已探明的石油储量的2/3。眼看这么多石油"丢失"在老油井中，真是太可惜。于是，英美一些科学家为打扫井下的残油，缓解石油短缺的困难，开始利用细菌这个武器，对井下残余石油进行"细菌战"，逼使石油从石缝中流出来。

为争夺石油而引起的中东战争

美国德克萨斯州比林北部有一座已开采了 40 年的旧油井，出油量大大不如以前。1990 年 2 月 3 日，美国人迪安·威尔斯往 6000 米深的井下灌进了 2 升多一点的特殊细菌溶液和 360 多升废糖浆，然后把井口封住，"闷"上几天后，这个原来每天只能产不到 2 桶石油的老油井，居然"青春焕发"，一天产了 7 桶石油，增加了 2.5 倍。而威尔斯灌进去的那 2 升多溶液和 360 多升废糖浆，总共才值不过 20 美元。

1990 年 9 月 16 日，在伦敦北部，有一家名叫"生命力量"的小公司，也采取将细菌"打入"油井中的方法，从地下油层中"挤出"了许多残油。

上面提到的对石油进行细菌战，能有效地收到如此重大战果，是 1945 年美国的微生物学家克劳德·佐贝尔的一个重要发现。他在研究中发觉，有许多细菌在新陈代谢时产生的二氧化碳气体和各种表面活性剂，能够降低石油的黏性，使其变得容易流动。这样，石油就容易从岩石的狭缝中挤出来。而细菌这东西，因为很小，可以无孔不入，能钻进那些分散地躲在小油层的石油之中，在那里繁殖发酵，把石油变稀后挤出来。

李四光与中国石油勘探

李四光是世界著名的科学家、地质学家、教育家和社会活动家，我国现代地球科学和地质工作奠基人，中国地质事业的奠基人之一和主要领导人。他自幼就读于其父李卓侯执教的私塾，14 岁那年告别父母，独自一人来到武昌报考高等小学堂。在填写报名单时，他误将姓名栏当成年龄栏，写下了"十四"两个字，随即灵机一动将"十"改成"李"，后面又加了个"光"字，从此便以"李四光"传名于世。

1904 年，李四光因学习成绩优异被选派到日本留学。他在日本接受了带有汉民族主义的反满革命思想影响，成为孙中山领导的同盟会中年龄最小的会员，以"驱逐鞑虏、恢复中华"为己任。孙中山赞赏李四光的志向："你年纪这样小就要革命，很好，有志气。"还送给他八个字："努力向学，蔚为国用。"

1910 年，李四光从日本学成回国。武昌起义后，他被委任为湖北军政府理财部参议，后又当选为实业部部长。袁世凯上台后，革命党人受到排挤，李四光再次离开祖国，到英国伯明翰大学学习。1918 年，获得硕士学位的李四光决意回国效力。途中，为了解十月革命后的俄国，还特地取道莫斯科。

从 1920 年起，李四光担任北京大学地质系教授、系主任，1928 年又到南京担任中央研究院地质研究所所长，后当选为中国地质学会会长。他带领

李四光

学生和研究人员常年奔波野外，跋山涉水，足迹遍布祖国的山川。他先后数次赴欧美讲学、参加学术会议和考察地质构造。

1928 年 7 月，国民政府决定组建国立武汉大学，国民政府大学院（教育部）院长蔡元培任命李四光为武汉大学建设筹备委员会委员长，并选定了武汉大学的新校址。

1949 年秋，中华人民共和国成立在即，正在国外的李四光被邀请担任政协委员。得到这个消息后，他立即做好了回国准备。这时，伦敦的一位朋友打来电话，告诉他国民党政府驻英大使已接到密令，要他公开发表声明拒绝接受政协委员职务，否则就要被扣留。李四光当机立断，只身离开伦敦来到法国。两星期之后，夫人许淑彬接到李四光来信，说他已到了瑞士与德国交界的巴塞尔。夫妇两人在巴塞尔买了从意大利开往香港的船票，于 1949 年 12 月启程秘密回国。

回到中华人民共和国怀抱的李四光被委以重任，先后担任了地质部部长、中国科学院副院长、全国科联主席、全国政协副主席等职。他虽然年

事已高，仍奋战在科学研究和国家建设的第一线，为我国的地质、石油勘探和建设事业做出了巨大贡献。

1971年4月29日，李四光因病逝世，享年82岁。

李四光一生中的最大贡献是创立了地质力学，并以力学的观点研究地壳运动现象，探索地质运动与矿产分布规律，新华夏构造体系的特点，分析了我国的地质条件，说明中国的陆地一定有石油。

早在1915至1917年，美孚石油公司的一个钻井队，在陕北肤施一带，打了7口探井，花了300万美元，因收获不大就走掉了。1922年，美国斯坦福大学教授布莱克威尔德来到中国调查地质，写了《中国和西伯利亚的石油资源》一文，下了"中国贫油"的结论。从此，"中国贫油论"就流传开来。但是，李四光根据自己对地质构造的研究，在1928年就提出了："美孚的失败，并不能证明中国没有油田可办。"以后他在《中国地质学》一书中，又一次提出：新华夏构造体系沉降

毛泽东主席向李四光征询中国石油的前景

带有"可能揭露有重要经济价值的沉积物"。这个沉积物讲的就是石油。李四光的论断从理论上推翻了中国贫油的结论，肯定中国具有良好的储油条件。

1953年底，毛泽东邀请了李四光到中南海菊香书屋，征询他对中国石油资源前景的看法，提出咨询建议。在座的有刘少奇、周恩来和朱德等党和国家领导人。李四光依据自己的大地构造理论和油气形成移聚条件的看法，明确回答中央领导同志说，中国油气资源的蕴藏量是丰富的，而不是

什么"中国贫油论""东北贫油论";并具体提出，关键的问题是要抓紧做好全国范围的石油地质勘查工作，打破偏西北一隅找油的局面，并且不是找一个，而是找几个希望大、面积广的可能含油区，作为勘探开发基地。

大庆油田的发现让中国甩掉了
"贫油国"的帽子

随后经毛泽东主席同意，党中央就李四光的建议作出了两项重大决定：由陈云副总理具体组织推动进行全国范围内的找油工作，改变偏于"西北一隅"（以玉门为中心）的局面；1954 年底，国务院下令地质部和中国科学院参与全国找油工作，并明确规定地质部从 1955 年起，负责全国的石油天然气普查工作，中国科学院负责石油天然气的科学研究工作，燃料工业部石油管理总局担负油气资源的详查与勘探开发工作。显然这一决定就是要地质部到第一线去兑现部长的承诺。

1956 年，李四光亲自主持石油普查勘探工作，在很短时间里，先后发现了大庆、胜利、大港、华北、江汉等油田，为中国石油工业建立了不朽的功勋。从 20 世纪 50 年代后期至 60 年代，勘探部门相继找到了大庆油田、大港油田、胜利油田、华北油田等大油田，在国家建设急需能源的时候，使滚滚石油冒了出来。这样，不仅摘掉了"中国贫油"的帽子，也使李四光独创的地质力学理论得到了最有力的证明。

1964 年 12 月，周总理在第三届全国人民代表大会的《政府工作报告》中指出："第一个五年计划建设起来的大庆油田，是根据我国地质专家独创的石油地质理论进行勘探而发现的。"李四光的工作得到了党和国家的充分肯定。

中国的石油资源

我国是一个石油资源十分丰富的国家。我国石油资源集中分布在渤海湾、松辽、塔里木、鄂尔多斯、准噶尔、珠江口、柴达木和东海陆架八大盆地，其可采资源量172亿吨，占全国的81.13%。

从资源深度分布看，我国石油可采资源有80%集中分布在浅层和中深层，而深层和超深层分布较少。从地理环境分布看，我国石油可采资源有76%分布在平原、浅海、戈壁和沙漠。从资源品位看，我国石油可采资源中优质资源占63%，低渗透资源占28%，重油占9%。

截至2011年底，我国石油探明的石油地质储量约1280亿吨，可采储量300亿吨。

自20世纪50年代初期以来，我国先后在82个主要的大中型沉积盆地开展了石油勘探，发现油田500多个。以下是我国主要的陆上石油产地。

大庆油田：位于黑龙江省西部，松嫩平原中部，地处哈尔滨、齐齐哈尔市之间。油田南北长140千米，东西最宽处70千米，总面积5470平方千米。1960年3月党中央批准开展石油会战，1963年形成了600万吨的生产能力，当年生产原油439万吨，对实现中国石油自给起了决定性作用。1976年原油产量突破5000万吨，到1996年已连续年产原油5000万吨，稳产21年。是我国第一大油田。

胜利油田：地处山东北部渤海之滨的黄河三角洲地带，主要分布在东营、滨洲、德洲、济南、潍坊、淄博、聊城、烟台等8个地市的28个县（区）境内，主要工作范围约4.4万平方千米。是我国第二大油田。

辽河油田：主要分布在辽河中下游平原以及内蒙古东部和辽东湾滩海地区。已开发建设26个油田，建成兴隆台、曙光、欢喜岭、锦州、高升、沈阳、茨榆坨、冷家、科尔沁等9个主要生产基地，地跨辽宁省和内蒙古自治区的13市（地）32县（旗），总面积近10万平方千米。产量居全国

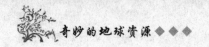

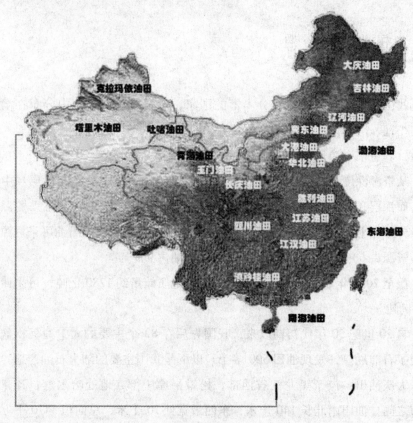

中国主要油田分布

第三位。

克拉玛依油田：地处新疆克拉玛依市。50 余年来在准噶尔盆地和塔里木盆地找到了 19 个油气田，以克拉玛依为主，开发了 15 个油气田，建成 792 万吨原油配套生产能力（稀油 603.1 万吨，稠油 188.9 万吨），3.93 亿立方米天然气生产能力。从 1990 年起，陆上原油产量居全国第四位。

我国比较著名的陆上油田还有华北油田、四川油田和大港油田等。除陆地石油资源外，我国的海洋油气资源也十分丰富。我国海域辽阔，渤海、黄海、东海的大部分以及南海沿陆地边缘部分，都是大陆架浅海区。我国大陆架的面积占世界大陆架总面积的 1/20 多，在这个广阔的浅海海域，蕴藏着极其丰富的石油资源。

我国的大陆架海底地形和大陆一样，西高东低，总的趋势是由西北向东南倾斜。渤海、黄海、东海的海底地形，都比较平坦，缓缓向东南方向倾斜，直到台湾省以东才骤然变陡，海底降到2000米以下。南海是一个比较深的封闭盆地。除南海外，其他各海都不算深。因此，我国海域按形态特征、水深状况以及与大陆地形的关系来说，大部分都属于大陆延伸的大陆架浅海区。

在地质构造上，我国的大陆架都属于陆缘的现代坳陷区，是大陆地质构造被海水淹没的部分，主要是由中生代到新生代的地壳运动所形成。

渤海大陆架是整个华北沉降堆积的中心。绝大部分地区的新生代地层厚度大于4000米，凹陷最深处达7000米，是相当厚的海陆相交互层，周围陆地的大量有机质和泥沙沉积在其中，而浅海区的沉积又是在新生代第三纪适于海洋生物繁殖的温暖气候下进行的。所以，非常有利于石油的生成。渤海中的隆起和断裂构造发育，这些断裂是石油运移和聚集的通道，同时又可以形成油、气圈闭构造。因此，渤海大陆架是油、气富集的地区。

黄海浅海区位于我国大陆与朝鲜半岛之间，由于中部隆起，分为南北两个坳陷，即北黄海与南黄海。北黄海的地质情况与渤海相似，但沉降幅度不及渤海大。其东南部的盆地中可能堆积有较厚的老第三纪含煤、石油、天然气的沉积层。南黄海坳陷更深，海相地层更为发育，沉积着深达5000米以上的新生代地层，其中的隆起和断裂构造发育，对油、气的生成、贮集都是有利的。

东海位于我国大陆东南和台湾省以及日本的九州、琉球群岛之间，整个海区中，大陆架占了2/3。东海的海底地形与我国东南沿海地区的地形总的特征近于一致，自西北向东南倾斜，在近浙、闽两省海岸地带，水深大都在40米以内，但东南边缘濒临深海，至台湾省以东，水深自200米急剧加深到1000～2000米，形成北东——南西向的海沟，构成东海与太平洋的天然分界线。在整个东海大陆架，新第三纪沉积层发育，并有向南逐渐加厚的趋势，到台湾北部，厚度达2000米以上。其岩性比黄海复杂，有海相、海陆交互相沉积，这给第三纪的石油生成带来了更有利的条件。从地质构造上看，在第三纪地层中，广泛发育着背斜和向斜构造的褶皱带，为形成贮油构造创造了良好条件。我国钓鱼岛周围盆地中丰富的石油，也是在新第三纪地层中。可见东海的新第三纪至更新统地层石油含量相当丰富。当然，在老第三纪及中生代地层中也富含石油。

黄海海上石油钻井平台

南海位于我国东南大陆、南洋群岛、中印半岛之间。南海大陆架较东海窄些，外缘深度不超过 200 米便有一明显坡折，过渡到大陆坡，而大陆坡又以断块形式过渡到大洋底。南海大陆架新生代地层厚度约 2000～3000 米，其中第三纪的沉积有海相、陆相及海陆交互相，在这里，蕴藏着丰富的石油资源。

天然气的开发和利用

我国利用天然气的历史相当久远，至少有 1000 多年的历史。天然气是怎样发现的呢？自古以来，我国四川一带人们吃的食盐，都是靠开凿盐井开采的。在开凿盐井时，盐工们发现，从有的井中冒出的气体，可以点火。盐工们就把这种井称为"火井"，其实就是天然气井。

据《华阳国志》这本古书记载："在蜀郡临邛县（今邛崃县）西，南二百里，有火井，夜时光照上映。"《后汉书·郡国志》中也记载说，"在蜀郡临邛有火井，火井欲出其火，先以家火投之，须臾许，隆隆如雷声，灿然通天，光耀十里，以竹筒盛之，接其光而无炭（灰）也，取井火还煮（盐）井水，一斛水得四五斗盐，家火煮之，不过二三斗盐耳。"

这段话的意思是说，临邛这个地方的天然气井，可以点燃，要想让它出火，先要用家里的火把它引燃，这样，用不了一会儿，就会听到像雷一样的隆隆声，火光冲天，十里外都看得见，这种天然气燃烧时没有炭灰，用天然气点火煮盐井水制盐，十斗（即一斛）盐水可熬出四五斗盐，如果用家里的普通炭火煮盐，十斗盐水熬出的盐也就二三斗（是古时的量器，一斗等于十升）。说明天然气煮盐的出产率高，收益大。

古人虽然很早就开始利用天然气了，但是那时候人们还不能科学地认识天然气。其实，天然气是一种多组分的混合气体，主要成分是烷烃，其中甲烷占绝大多数，另有少量的乙烷、丙烷和丁烷，此外，一般还含有硫化氢、二氧化碳、氮和水汽，以及微量的惰性气体，如氦和氩等。

那么天然气是怎么来的呢？天然气与石油生成过程既有联系又有区别：石油主要形成于深成

古人在开采井盐时发现了天然气

作用阶段，由催化裂解作用引起，而天然气的形成则贯穿于成岩、深成、后成直至变质作用的始终；与石油的生成相比，无论是原始物质还是生成环境，天然气的生成都更广泛、更迅速、更容易，各种类型的有机质都可形成天然气——腐泥型有机质则既生油又生气，腐殖形有机质主要生成气态烃。因此天然气的成因是多种多样的。归纳起来，天然气的成因可分为生物成因气、油型气和煤型气。

生物成因气是指成岩作用早期，在浅层生物化学作用带内，沉积有机质经微生物的群体发酵和合成作用形成的天然气。其中有时混有早期低温降解形成的气体。生物成因气出现在埋藏浅、时代新和演化程度低的岩层中，以含甲烷气为主。

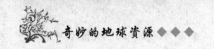

生物成因气形成的前提条件是要有丰富的有机质和强还原环境。最有利于生气的有机母质是草本腐殖型和腐泥腐殖型，这些有机质多分布于陆源物质供应丰富的三角洲和沼泽湖滨带，通常含陆源有机质的砂泥岩系列最有利。

生物成因气的化学组成几乎全是甲烷，其含量一般大于98%，高的可达99%以上，重烃含量很少，一般小于1%，其余是少量的氮气和二氧化碳。因此生物成因气的干燥系数一般在数百至数千以上，为典型的干气。

目前，世界上许多国家与地区都发现了生物成因气藏，如在西西伯利亚白垩纪地层中，发现了可采储量达10.5万亿立方米气藏。我国柴达木盆地和长江三角洲地区也发现了这类气藏。

油型气包括湿气（石油伴生气）、凝析气和裂解气。它们是沉积有机质特别是腐泥型有机质在热降解成油过程中，与石油一起形成的，或者是在后成作用阶段由有机质和早期形成的液态石油热裂解形成的。

煤型气是指煤系有机质热演化生成的天然气。煤田开采中，经常出现大量瓦斯涌出的现象，如四川合川县一口井的瓦斯突出，排出瓦斯量竟高达140万立方米，这说明，煤系地层确实能生成天然气。

介绍完了天然气的成因，我们再来说说天然气的作用。天然气的作用归纳起来，主要有发电、化工、生活燃料等。天然气发电，具有缓解能源紧缺、降低燃煤发电比例，是减少环境污染的有效途径，且从经济效益看，天然气发电的单位装机容量所需投资少，建设工期短，上网电价较低，具有较强的竞争力。

天然气在化工工业中也是必不可少的。天然气是制造氮肥的最佳原料，具有投资少、成本低、污染少等特点。天然气占氮肥生产原料的比重，世界平均为80%左右。

我们的日常生活更是离不开天然气。随着人民生活水平的提高及环保意识的增强，大部分城市对天然气的需求明显增加。天然气作为民用燃料的经济效益也大于工业燃料。

目前，随着人们的环保意识提高，世界需求干净能源的呼声高涨，各国政府也通过立法程序来传达这种趋势，天然气曾被视为最干净的能源之一。1990 年中东的波斯湾危机，加深了美国及主要石油消耗国家研发替代能源的决心，因此，在还未发现真正的替代能源前，天然气需求量自然会增加。

世界上天然气资源最丰富的国家是俄罗斯。俄罗斯天然气探明储量、开采量、出口量均居世界首位，是国际天然气市场最重要的出口商，也是我国天然气进口多元化的重要潜在供应商。俄罗斯天然气工业公司是俄天然气出口战略最关键的执行者，也是世界最大的天然气公司。俄罗斯天然气工业公司拥有天然气储量 29.85 万亿立方米，分别占俄总储量的 60%、世界总储量的 17%；拥有世界规模最大的管道运输体系——统一俄罗斯天然气供应系统，其总长度为 15.69 万千米，占俄输气管道的 98%。俄罗斯天然气工业公司出口量占世界天然气出口总量的 20%。2006 年，该公司出口天然气 2020 亿立方米，出口额 438.75 亿美元；2017 年出口已达 2250 亿立方米。2006 年 7 月，《俄联邦天然气出口法》将俄唯一天然气出口许可证授予该公司所属的天然气出口公司，以法律形式确定了该公司独享天然气

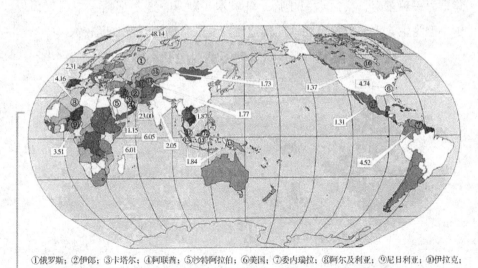

①俄罗斯；②伊朗；③卡塔尔；④阿联酋；⑤沙特阿拉伯；⑥美国；⑦委内瑞拉；⑧阿尔及利亚；⑨尼日利亚；⑩伊拉克；⑪土库曼斯坦；⑫马来西亚；⑬印度尼西亚；⑭乌兹别克斯坦；⑮哈萨克斯坦；⑯加拿大；⑰墨西哥

世界天然气可采储量分布

出口权。

　　该公司目前正在中国方向东线修建北萨哈林—南萨哈林、共青城—哈巴罗夫斯克—符拉迪沃斯托克管线，并在达利涅列琴斯克区修建通向中国的管道；西线修建阿尔泰天然气管道。2012 年后，东西两线年出口量合计达到 680 亿立方米。

全球天然气分布图

　　那么，我国的天然气资源如何呢？我国沉积岩分布面积广，陆相盆地多，形成优越的多种天然气储藏的地质条件。根据 1993 年全国天然气远景资源量的预测，中国天然气总资源量达 38 万亿立方米，陆上天然气主要分布在中部和西部地区，分别占陆上资源量的 43.2% 和 39.0%。中国天然气探明储量集中在 10 个大型盆地，依次为：渤海湾、四川、松辽、准噶尔、莺歌海—琼东南、柴达木、吐哈、塔里木、渤海、鄂尔多斯。中国气田以中小型为主，大多数气田的地质构造比较复杂，勘探开发难度较大。

地球的恩赐——清洁能源

开发清洁能源

我们有煤、石油和天然气等化学燃料可获取能量，为什么还要不遗余力地开发清洁能源呢？我们都知道，现在地球上的环境已经遭到了严重的破坏。

造成环境破坏的因素主要有两种：①化石燃料的大量消费。大气污染主要是由于化石燃料的燃烧所合成的大量以二氧化碳为主的各种污染气体；②人造的新型化学物质的不断出现。后者的"化学物质"可以通过停止生产等方法来解决，但对于目前的"化石燃料"，我们不能靠停止消费来解决。虽然对此还没有根本解决问题的方法，但防止地球温暖化和争取清洁地球的再生环境能源战略的和技术的制订开发已经成为国际社会性的大热点。

当今世界的能量消费的90%是依靠石油、天然气和煤炭。这些化石燃料的大量消费增加了大气中的二氧化碳的浓度，引起地球暖化，此外生成的二氧化硫、氮化硫和氮氧化物会形成酸雨，严重破坏地球环境。

1990年在美国休斯顿召开的先进国经济首脑会议上，日本提出的以节能技术、二氧化碳吸收源的扩大、清洁能源的导入为主要内容的"地球再生规划"引起很大的反响。此后，"地球再生""可持续发展""再生能源"

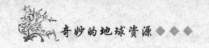

等关键词逐步得到普及。

另外，我们知道煤炭、石油和天然气等化石燃料的存储量都是固定的。随着人们不断地开发，这些能源已经越来越少，而且面临着枯竭的局面。我们常说的能源危机就是指这种状况。

毋需多言，为了解决地球环境危机和能源危机的双重压力，清洁能源的导入是很重要的事项。所谓清洁能源，它包括既有的核能、水能和地热能，以及可持续开发的太阳能、风能和海洋能，新型再生能的生物能（酒精燃料、甲醇燃料等）等。

使用化石燃料导致全球气候变暖

开发清洁能源不是一个国家的事情，这需要包括中国人民在内的全世界人民的共同努力。我国是一个有着14亿人口和960万平方千米国土的大国。从1978年改革开放以来40年间，中国经济持续快速增长，能源生产和消费也在快速增加。2017年，全国一次能源生产量是35.9亿吨标准煤。随着中国工业化、城镇化加快发展和全球经济一体化不断深入，中国的能源安全、环境保护和应对气候变化问题日益严峻和突出。能源问题越来越受到全社会的广泛关注。

多年来，中国煤炭占一次能源生产总量的比率一直居高不下，一般维持在70%~75%，远远高于国际平均水平。同时，由于资源的地域分布不均，中国煤炭总体上呈北煤南运的格局，大量煤炭需要铁路运输，加速了铁路运力的紧张。电力结构也呈现以煤为主的特征，中国煤炭的1/2以上是用于发电，大约78%的电力装机是以煤为燃料的火电机组。而发电量的84%来自煤电，电力对煤炭的依存度很高，矛盾也比较突出。更为严峻的是煤炭大量开采、消耗带来了生态环境破坏和水资源的污染，应对全球气候变化的压力也日益加大。

同时，面对日益增长的能源需求和国际石油价格高涨的外部环境，如果仍沿袭粗放发展的老路子，以牺牲资源和环境为代价，通过增加煤炭产量保证能源供给，将受到资源、环境和运输等多方面的制约，难以为继。因此，我国加大能源结构优化调整，积极发展清洁优质能源刻不容缓、迫在眉睫。

火电发电机组

那么，如何优化能源结构，发展清洁能源呢？要优化能源结构，根本的出路在于落实科学发展观，在进一步实施节能优先战略的基础上，实行能源多元化、清洁化发展，大力改善和调整能源结构，有效保障能源供给。

（1）加快发展核电。核电是清洁高效的能源，污染少、温室气体接近零排放，是有效优化能源结构的优先选择。目前，中国已投产核电装机容量约900万千瓦，占电力总装机的1.3%，比率很低。近几年，中国加快了核电发展步伐，组建了国家核电技术公司，推动了三代核电技术装备引进和国产化工作，启动了大型先进压水堆及高温气能堆、核电站等重大项目。新开工了辽宁"红延河"、福建宁德等核电项目，发展态势很好。

目前，世界各国核电站总发电量的比率平均为16%，法国、日本、美国等国的比率更高。参照借鉴国际上的成功经验，中国核电发展潜力很大。目前，具备良好的发展条件和环境。首先，社会各方面认识已趋统一，均认识到发展核电是中国能源有序、健康发展的当务之急和战略选择。其次，又在实践中培养锻炼出了一大批业务素质和管理水平高，能适应核电建设和运营的队伍。同时，核电技术水平和装备制造能力也有了很大的提高和突破，初步具备了自主创新和自我发展的能力。

（2）大力发展风电和再生能源。中国出台了《可再生能源法》，颁布了

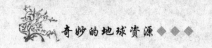

可《再生能源发展规划》，为可再生能源发展创造了良好的政策环境。通过开展大型风电项目特许权招标，出台风电优惠价格政策等措施，中国的风电事业快速发展。2017年，并网装机累计已达到1.6亿千瓦，规模居世界前列。

（3）积极开发水电。中国水电资源在世界上蕴藏最丰富，可开发的资源量大约5.4亿千瓦，水电装机容量3.32亿千瓦。2017年底，全国6000千瓦及以上电厂总装机容量已经达到16.1亿千瓦，已居世界首位。

（4）加强新能源和替代能源的研发应用。有限的化石能源不可能取之不尽、用之不竭，科技上的重大突破和创新，是能源可持续发展的动力和源泉。因此，要从根本上解决能源供应问题，特别是化石能源的替代问题，必须大力推进能源科技进步与自主创新。

（5）促进煤炭清洁高效利用。中国的资源禀赋和发展状况，在较长时间内难以改变能源主要依赖煤炭的格局。因此，必须通过有关法律法规和标准体系，加快推广应用先进清洁发展技术，优化发展煤化工等深加工企业，促进煤炭清洁生产和清洁循环利用，提高煤炭产业附加值和使用效率，有效保护生态环境，同时要大力整顿煤炭秩序，鼓励兼并重组，形成若干大型煤炭生产集团，加大煤矿瓦斯治理和瓦斯使用的力度。

（6）大力加强国际能源合作。能源安全已成为地球村共同面临的课题和挑战，需要人类集中智慧，形成合力，共同发展。

太阳能

太阳内部不停地进行着热核反应（氢变为氦），同时释放出巨大的能量。太阳辐射到地球上的能量只占其辐射总能量的极小部分。但是，就是这极小的一部分也是非常巨大的。地球每年所接收的太阳能至少有 6×10^{17} 千瓦小时，这相当于 74×10^{12} 吨标准煤的能量。其中被植物吸收的仅占0.015%，被人们作为燃料和食物的仅占0.002%，可见利用太阳能的潜力很大，开发利用太阳能大有可为。开发利用太阳能存在两个关键性问题：①如何提高太阳能的转换效率；②降低成本。

现在，人们已经解决了这两个问题。太阳能热管和太阳能电站已被人们利用了几十年了。

我国科技研究人员曾用一种黑色的长管在冰天雪地中，利用太阳能把水烧开了。这种黑色的长玻璃管，就是能巧集太阳能的热管，也叫做真空集热管。它是1964年问世的，由国外一位叫做斯贝伊尔的人创制而成。

热管的样子很像一个长长的热水瓶胆。在结构上两者好像亲兄弟，有些相似。热管有一个透明的玻璃管壳，里面有一个能盛装液体或气体的吸收管。两管之间被抽成真空，成为真空夹层。这和热水瓶胆的内外层之间抽成真空是一样的，都是为了防止热量散失出去。两者所不同的是，热管的外玻璃管壳是透明的（热水瓶胆的外表面镀了一层光亮的水银），而且吸收管的外壁上涂有一层特殊的涂层。这样，当阳光照在热管后，吸收管上的涂层就能大量吸收光能，并将光能转变成热能，从而使吸收管内装的液体或气体的温度升高。

那么，热管在大冷天为什么能将冷水奇迹般地烧开呢？其实，这并没有什么奥妙之处，只不过使用了"开源节流"的老办法，即一方面通过吸收管外壁上的特殊涂层，尽可能吸收更多的阳光，并及时转变为热能；另一方面，在能量吸收和转换中尽量减少热量损失。这就像热水瓶那样，用抽真空等办法堵死了热量损失的一切渠道。因此，在阳光即使很微弱的严冬，热管也能将阳光巧妙地集聚起来，从而创造出"奇迹"。

由于热管既能充分采集光能，又具有很好的保温性能，所以它在有风的严冬，或者阳光很弱的情况下，都有着良好的集热性能，而且能提供高达100℃的热水。它比太阳能平板集热器的集热性能好，并具有拆装方便、使用寿命长等优点。

热管在美国使用较普遍。在一些工厂、医院、学校和机关的楼房顶上，整齐地排列着一排排热管。有一处屋顶，面积约800平方米，竟排列着8000多支热管，很为壮观。这些热管在一天之内可以供应大量的工业用和生活用热水，并能在一年里连续不断地为其主人提供所需要的热能。

这种热管在我国的农村地区，尤其是淮河以南光照充足的农村地区也已被广泛应用。现在它有了更优美的外形。人们把它称为"太阳能热水器"。

以热管为主要构件的太阳能热水器

除了热管以外，人们利用太阳能的主要方式就是太阳能电站了。20 世纪 80 年代，在意大利西西里岛上建成了一座规模宏大的太阳能热电站。它采用 180 块大型玻璃反射镜，镜子的总面积达 6200 多平方米。这种反光镜由一台电子计算机操纵，将太阳光集聚在高达 55 米的中央塔上的接收器上，使塔上锅炉产生 500℃的高温和 6.4 兆帕（64 个大气压）压力的蒸汽，从而推动汽轮发电机组发电。它的发电能力达 1 兆瓦。

常说的太阳能发电站，实际上就是指的太阳能热电站。也就是说，它是将太阳光转变成热能，然后再通过机械装置转变成电能的。

太阳能热电站的发电原理和基本过程是这样的：在地面上设置许多聚光镜，从各个角落和方向把太阳光收集起来，集中反射到一个高塔顶部的专用锅炉上，使锅炉里的水受热变为高压蒸汽，驱动汽轮机，再由汽轮机带动发电机发电。这种发电方式称为塔式发电。

在太阳能热电站内还设有蓄热池。当用高压蒸汽推动汽轮机转动的同时，将一部分热能储存在蓄热池中。如果太阳被云暂时遮挡或者天下雨时，就由蓄热池供应锅炉的热能，以保证电站的连续发电。

世界上第一座太阳能热电站，是建在法国的奥德约太阳能热电站。这座电站的起初发电能力虽然仅为 64 千瓦，但它为以后的太阳能热电站的兴建积累了经验。

1982 年，美国在阳光充足的加利福尼亚州南部的沙漠地区，建造了目前世界上最大的太阳能电站。这座叫做太阳能一号电站的太阳能热电站，由高塔、集热设备、反射镜、汽轮发电机组等组成。它的发电能力为 10 兆瓦，年发电量达到 300 万千瓦时。

太阳能一号电站安装有 1880 个追日仪。这些由金属圆柱支撑的追日仪排列齐整，每根柱顶支撑着一块 10 米见方的银灰色金属板。远远望去，这些追日仪宛若一把把巨大的方形伞，它们顶着金色的阳光，斜支在荒凉的沙漠之上。这一把把方形伞，就是把太阳能转换成电能的跟踪器。

追日仪上的整个光电板由 256 块长形组件构成，每块组件中装有 32 个圆形硅片。顶部的光电板和支柱的衔接处有一个万向节，在电子计算机的控制下，跟踪器可以根据光电板所接受阳光的强弱，自动调节板面同太阳的角度。这些庞然大物都很"机敏、勤奋"，每天早晨太阳尚未升起，它们就都垂直而立，将最大平面对向霞光灿烂的东方；到了夕阳落山之际，它们又都低头面送最后一缕晚霞。然后，转过身来，又静候着翌日黎明的曙光。即使是阴雨天，它们以其不凡的本领在云层的缝隙中追寻着阳光。如果遇到强风，这些追日仪就会将信号输送到控制中心的计算机里，然后按照指令，躺成水平状态，以防止被风刮倒。风势减弱后，它们又会自动恢复原状，并重新投入工作。

热电站数量众多的追日仪，能把太阳光集聚并反射到装在 90 米高的圆柱形钢塔顶上的热收集器里（集热器）。由于采用了电子数据处理设备控制体系，可使追日仪不断地跟踪太阳，并使中央热收集器（即集热器）经常处于反射光的焦点中。这样，热收集器的温度可达 485℃。

太阳能一号电站还有一个热量储存系统，以保证天黑以后也能继续运转。热量储存系统所储存的热能，足可发电 7 兆瓦达 4 小时之久。当热电站工作时，约有 20% 的热蒸汽被输送到热交换器内加热一种专用油，再用泵把加热的油注入热量储存系统里。

近年来，国外还研制成一种用炭黑来捕捉太阳能以驱动发电机发电的装置。它是通过一个聚光器把太阳光集聚起来，照射在一个装有炭微粒悬浮体的加热室内。由于温度上升，使炭微粒气化。炭微粒吸收的热量可用来加热周围的空气，使其达到相当于喷气发动机的温度和压力。于是，被加热的空气可用来驱动汽轮机转动，并带动发电机发电。

法国、德国、意大利、西班牙和中国等许多国家也相继兴建了一批太阳能热电站，其中著名的有意大利的欧雷利奥斯太阳能热电站、西班牙的阿尔利里亚太阳能热电站和法国东比利牛斯的库米斯太阳能电站等。意大利和希腊还将建设20兆瓦的电站。

太阳能热电站的不足之处在于：①需要占用很大的地方来设置反光镜。据计算，

位于中国上海的太阳能热电站

一座1兆瓦的太阳能热电站，仅设置反光镜就需占地350米×350米。②它的发电能力受天气和太阳出没的影响较大。虽然热电站一般都安装有蓄热器，但不能从根本上消除影响。因此，人们设想把太阳能热电站搬到宇宙空间去，从而使热电站连续不断地发电，满足人们对能源日益增长的需要。

海洋能

海洋能指依附在海水中的可再生能源，海洋通过各种物理过程接收、储存和散发能量，这些能量以潮汐、波浪、温度差、盐度梯度、海流等形式存在于海洋之中。据专家们估算，全世界海洋潮汐能的总储量为30亿千瓦，海流动能的总储量为50亿千瓦，海浪能的蕴藏量高达700亿千瓦。

海洋里蕴藏着无尽的能量

如此巨大的能量如何才能被我们利用呢？很久以来，人类一直在想法开发海洋能。现在一个非常有发展前途的计划可直接将海洋中储存的热能开发出来，这就是海洋热能转换，简称 OTEC。其原理是，利用太阳晒热的热带洋面海水和 760 米深处的冷海水之间的温度差发电。位于夏威夷西海岸林木繁茂的凯卢阿—科纳附近一处古老的火山岩上的试验发电装置，净发电量为 100 千瓦。海洋热能转换装置不但不产生空气污染物或放射性废料，而且它的副产品是无害而有用的淡化海水，每天可生产 7000 加仑，它味道清新，足以与最好的瓶装饮料媲美。

海洋热能转换装置与其他海洋开发方案相比有不少优点。例如，最大的海浪发电装置只能生产几千瓦的电力；海浪和海流所含的能量小，因而不足以持续地产生很大的动力来使发电机运转；潮汐虽有较大的势能，但其开发成本很高，并且只限于在潮汐涨落差至少有 4.9 米的几处海岸上采用。一座建在法国布列塔尼半岛河口上的潮汐发电站装机容量为 240 兆瓦。

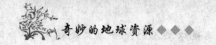

北美惟一的示范性潮汐电站建在加拿大新斯科舍的安纳波利斯河上，装机容量只有几十兆瓦。

而海洋热能转换装置的一大优点是不受变化的潮汐和海浪的影响。储存在海洋中的太阳能任何时候都可获得，这对于海洋热能转换装置的发展至关重要。热带海面的水温通常约在27℃，深海水温则保持在冰点以上几度。这样的温度梯度使得海洋热能转换装置的能量转换可达3%或4%，热源（温热的水）和冷源（冷水）之间的温差愈大，能量转换系统的效率也就愈高。与之相比，普通烧油或烧煤的蒸汽发电站的温差为260℃，其热效率在30%~35%之间。

海洋热能转换装置必须动用大量的水，方可弥补热效率低的缺点。这就意味着，海洋热能转换装置所产生的电力在输入公用电网之前，还要在该装置上做更多的功。实际上20%~40%的电力用来把水通过进水管道抽入装置内部和海洋热能转换装置四周。据凯卢阿—科纳示范项目的负责人路易斯·维加称，该试验装置的运行大约要消耗150千瓦电力，不过规模较大一些的商用电站本身所消耗的电力占总发电量的百分比将会低些。

正是由于上述原因，在从首次提出海洋热能转换计划至今的1个世纪中，研究人员一直在孜孜不倦地开发海洋热能转换装置，使之既能稳定生产大于驱动泵所需的能量，又能在易被腐蚀的海洋气候条件下良好运行，从而证明海洋热能转换装置的开发和建造是合理的。

OTEC的理论研究工作一直在进行，曾发明氖灯光信号的法国人乔治斯·克劳德证实海洋热能发电装置在理论上可行。1930年，他在古巴北部海岸设计和试验了一个OTEC装置。被称为开式循环的这种OTEC装置获得了专利，功率为22千瓦，但该装置运行所消耗的电力超过了发电量，其原因之一是厂址选得不好。此后乔治斯·克劳德又在巴西设计了一个漂浮式海上热能发电装置，不幸由于一根进水管被暴风雨破坏而失败，他本人也因此破产身亡。

凯卢阿—科纳OTEC装置的发展较为顺利，该装置由檀香山太平洋高技术研究OTEC国际中心经营。1994年9月，凯卢阿—科纳采用的OTEC装置是克劳德的开式循环方案，这创造出了海洋热能转换的世界纪录：总发电量达到 255 千瓦时，净发电量为 104 千瓦。该装置是一项投资为 1200 万美元的五年计划，它产生的电力供给夏威夷一家从事太阳能和海洋资源开发的机构——自然能源实验室附近的企业使用。

以温差发电为基础的海上能源岛

产生的蒸汽通过涡轮发电机后，被由另一些管子从深海抽来的冷海水冷凝为液体淡化水。抽入海水只有不到 0.5% 变成蒸汽。所以必须向装置中泵入大量海水，才能产生足够的蒸汽驱动大型低压涡轮发电机。这也限制了开式循环系统的总功率不可能超过 3 兆瓦。此外，大型、笨重的涡轮发电机所需的轴承和支承系统也不现实。采用轻型塑料或复合材料来制造涡轮机，能获得 10 兆瓦左右的发电装置。即使如此，与普通发电站相比，这种装置的发电能力仍差得太远。例如，一座大型核反应堆能产生 100 兆瓦的功率。

海洋热能转换系统的另一种类型称为闭式循环系统，它较易达到大型工业规模，理论上发电能力可达 100 兆瓦。1881 年，法国工程师雅克·阿塞内·达桑瓦尔最初提出这种方案，不过从未进行过试验。

闭式循环海洋热能转换系统是利用海面的温热海水通过热交换器使加

压氨汽化，氨蒸气再驱动涡轮发电机发电。在另一热交换器中，深海冷海水使氨蒸气冷却恢复液态。一座称为微型 OTEC 装置的漂浮试验装置于 1979 年曾达到 18 千瓦的净发电能力，是闭式循环系统迄今获得的最好成绩。

研究人员还将对放置在下游的水产养殖箱进行监测，以确定从装置中可能泄漏的氨以及海水中加入的少量氯对海洋生物的影响。加入氯是为了防止海藻和其他海洋生物对设备的堵塞。

凯卢阿—科纳试验装置的运行，将有助于了解（YIEC 装置的一个最大的未知因素：装置部件长期被腐蚀性的海水包围，并受到海洋生物的堵塞，其寿命有多长。据工作人员称，现在正采取措施防止锈蚀。

由于开式循环方案不易于扩大发电规模，而闭式循环方案又不能生产饮用水，究竟采用哪种方案为宜，尚难作出决定。

把两种系统组合起来，各取所长，也许是最佳方案，混合型 OTEC 装置可以先通过闭式循环系统发电，然后再利用开式循环过程对装置流出的温海水和冷海水进行淡化。如在开式循环装置上加上第二级淡化装置，则会使饮用水的产量增加 1 倍。

尽管 OTEC 装置仍存在不少工程技术和成本方面的问题，但它毕竟有很大潜力。科学家认为，它是未来全世界从石油向氢燃料过渡的重要组成部分，建在海上的 OTEC 装置能够把海水电解而获得氢。自然能源实验室科技规划负责人汤姆·丹尼尔认为："OTEC 在环境方面是良好的，并可能提供人类所需的全部能量。"

OTEC 也同其他所有的发电方式一样，并非对环境完全无害。从一座 100 兆瓦的 OTEC 电站流出的水量相当于科罗拉多河的流量。流出的水温比进入电站的水温高或低约 3℃，海水咸度和温度的变化，对于当地生态可能产生的影响尚难预料。

沼 气

在苏联作家弗·梅津米夫著的《世界奇迹之谜》中，记述了19世纪一名护林员亲眼目睹的一件"怪事"。有一年夏天，从一个沼泽的深处突然冒出来一根高达20~30米的大水柱。当它开始下降时，周围50米的地方内下了几秒钟的"暴雨"。

经过调查，原来这是沼泽底部的沼气从淤泥中冲击出来造成的景象。沼气是植物在沉积层腐烂过程中产生的气体。在一般情况下，这种气体不会突然"发怒"而冲出，只是时不时地从死水坑底向水面上冒出一个个气泡，然后就无声无息地消失。但是，当沼气在死水坑底积得很多，而又无处可排泄时，就会像爆炸似的突然喷出来。

沼泽地是沼气形成的天然温床

沼气自古就出现在沼泽、河底、湖底、池塘、污水池等厌氧环境中，是植物等有机质在微生物的作用下腐烂、分解出来的一种可燃气体，由于通常出现在沼泽地带，就俗称沼气。

古人不知道沼气形成的原理，就以为是水底闹鬼。例如，那名护林员看到的那个喷沼气的沼泽，当地人把它叫做"撒伊旦湖"，撒伊旦在伊斯兰的神话传说中是恶魔的意思。

在有文字的历史记载中，1896年在爱尔兰出现过一次强大的沼泽喷气现象，即那里有一个大纽特莫沼泽，曾喷出强大的污流，飞溅到好几千米

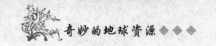

以外，淹没了所到之处的一切东西，并把附近的一座房屋淹埋在污泥中。

也是19世纪，在俄国的奥涅湖附近，也出现过一次沼泽大喷射现象。在一处污流遍地的沼泽草地上，一连几天都能看到一个高达4米的喷泉，但喷泉中都是污水、淤泥和沙子。

这些奇迹都是沼气创造出来的，只是那时人们还没有搞清它形成的原因，因此感到神秘。后来，科学家用一种底部是喇叭形状，顶部有一细管的玻璃仪器，罩在冒泡的水面上，使冒出的气泡沿着顶部细管，通到橡皮管中，收集起来，然后对收集到的气体加以分析，才知道沼气是一种可燃的甲烷气，并分析了沼气的生成原因。

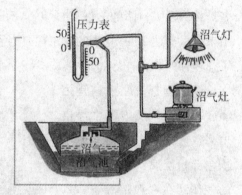

沼气利用原理

原来，沼气是有机物质在厌氧环境中，在一定的温度、湿度、酸碱度的条件下，通过微生物发酵作用，产生的一种可燃气体。由于这种气体最初是在沼泽、湖泊、池塘中发现的，所以人们叫它沼气。沼气的主要成分是甲烷。沼气由50%～80%甲烷、20%～40%二氧化碳、0%～5%氮气、小于1%的氢气、小于0.4%的氧气与0.1%～3%硫化氢等气体组成。由于沼气含有少量硫化氢，所以略带臭味。其特性与天然气相似。空气中如含有8.6%～20.8%的沼气时，就会形成爆炸性的混合气体。

人们了解了沼气的形成原理和作用以后，就开始了使用人工方法制造并利用沼气。我国生产利用沼气的历史，可以从1929年在广东省汕头的"国瑞瓦斯沼气公司"成立算起。但是因时局动荡等多种原因，沼气的发展时续时断，进展缓慢。

20世纪70年代初，为解决的秸秆焚烧和燃料供应不足的问题，我国政府在农村推广沼气事业，沼气池产生的沼气用于农村家庭的炊事来逐渐发展到照明和取暖。目前，户用沼气在我国农村仍在广泛使用。随着我国经济的发展人民生活水平的提高，工业、农业、养殖业的发展，大量利用废弃物发酵沼气工程仍将是我国可再生能源利用和环护的切实有效的方法。

目前，人们已开发了沼气发电、沼气燃料电池、沼气治理环境污染等技术。

沼气燃烧发电是随着大型沼气池建设和沼气综合利

牧民用沼气煮饭

用的不断发展而出现的一项沼气利用技术，它将厌氧发酵处理产生的沼气用于发动机上，并装有综合发电装置，以产生电能和热能。沼气发电具有创效、节能、安全和环保等特点，是一种分布广泛且价廉的分布式能源。

沼气发电在发达国家已受到广泛重视和积极推广。生物质能发电并网在西欧一些国家占能源总量的10%左右。

我国沼气发电有数十年的历史，在"十五"期间研制出20～600千瓦纯燃沼气发电机组系列产品。但国内沼气发电研究和应用市场都还处于不完善阶段，特别是适用于我国广大农村地区小型沼气发电技术研究更少，我国农村偏远地区还有许多地方严重缺电，如牧区、海岛、偏僻山区等高压输电较为困难，而这些地区却有着丰富的生物质原料。如能因地制宜地发展小沼电站，则可取长补短就地供电。

燃料电池则是一种将储存在燃料和氧化剂中的化学能，直接转化为电能的装置。当源源不断地从外部向燃料电池供给燃料和氧化剂时，它可以连续发电。依据电解质的不同，燃料电池分为酸性或碱性燃料电池等。

燃料电池不受卡诺循环限制，能量转换效率高，洁净、无污染、噪声低、模块结构、积木性强、比功率高，既可以集中供电，也适合分散供电。燃料电池将是21世纪最有竞争力的高效、清洁的发电方式，它将在洁净煤

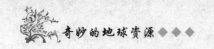

燃料电站、电动汽车、移动电源、不间断电源、潜艇及空间电源等方面，有着广泛的应用前景和巨大的潜在市场。

沼气另外一项利用技术就是治理环境污染。对于以农业为主的中国，沼气技术在农业领域正发挥着很大的作用。目前，国家制定法律法规中有许多发展农村沼气的有关政策规定，并在全国各地大力推动大中型沼气工程建设，并且进一步提高设计、工艺和自动控制技术水平。2015 年，处理工业有机废水的大中型沼气工程达 2500 座，形成年生产沼气能力 40 亿立方米，相当于 343 万吨标准煤，年处理工业有机废水 37500 万立方米。农业废弃物沼气工程到 2015 年累计建成近 4100 个，形成年生产沼气能力 4.5 亿立方米，相当于 58 万吨标准煤，年处理粪便量 1.23 亿吨，大大缓解全国集约化养殖场的污染治理问题，使粪便得到资源化利用。

地　热

在地球北极圈的边缘上，有一个总面积 13.1 万多平方千米，人口只有 20 多万的小岛国，叫冰岛共和国。初一听这个名字，一定以为这个国家是冰冷冰冷的。但这里实际上是一个冬暖夏凉气候宜人的国度。尤其是首都雷克雅未克，7 月份的平均温度是 11℃，1 月份平均温度在零下 1℃，比同纬度的其他国家温暖得多，为何冰岛会如此温暖而又叫冰岛呢？首都又为何叫雷克雅未克呢？要知道，在冰岛语中，"雷克雅未克"的意思叫"冒烟的海湾"。这其中的奥秘可以说都和地热有关，并有着一段有趣的来历。

公元前 4 世纪时，一个叫皮菲依的希腊地理学家曾到过冰岛这个未开垦的"处女岛"。当时他把这个小海岛叫做"雾岛"。由于这个海岛靠近北极圈，离欧洲大陆很远，交通不便，很少有人光顾。直到 864 年，斯堪的那维亚航海家弗洛克再次踏上这个海岛，才逐渐引起欧洲人的注意。以后，爱尔兰人、苏格兰人陆续向这里移民。由于移民的船只驶近南部海岸时，首先看到的是一座巨大的冰川，即著名的瓦特纳冰川。这景致太令人神往和印象深刻了，于是，冰岛这个名字就由此诞生了，并一直保持至今。

据冰岛人传说，给并不冷的冰岛取这个令人打冷战的名字还有另一种"企图"，就是希望外人听到后能"闻而生畏"，不再向这里移民来瓜分这块地热宝地。

原来，冰岛这个地方，地热极为丰富，到处都是热泉、温泉、蒸汽泉和间歇泉。水温也各不相同，有的温度适中可以常年洗澡，有的温度很高，可以煮熟鸡蛋和土豆。如岛上的代尔塔顿古温泉，水温高达 99℃，完全可以做饭。

地热温泉不但点缀了冰岛的风景，还给人们提供了方便的生活条件。

"冒烟的海湾"就是地热编织的迷人风景。这个名

冰岛居民在温泉里洗澡

字的背后也有一段有趣的史话。9 世纪时，斯堪的那维亚人乘船驶近现在的冰岛首都，远远就看到这个地方的海湾沿岸升起缕缕炊烟，就以为那里一定有人居住。于是就把这个地方命名为"雷克雅未克"，即"冒烟的海湾"的意思。谁知等他们到岸上时，既没看到村落和农舍的炊烟，也没有见到任何人，而是只见许多温泉在不断喷出股股热气腾腾的水柱。从此，"雷克雅未克"的美名就流传了下来。

现在，冰岛人不但用温泉洗澡，还用热泉、蒸汽泉为居民取暖，有时还用温泉地热建造温室种菜种水果和花卉。温室中有黄瓜、西红柿及热带生长的香蕉；咖啡和橡胶在这里也生长茂盛。温泉游泳池更是遍及冰岛的城镇和乡村。即使白雪皑皑的冬季，游泳池也温暖如春。

我国利用地热的历史则更为悠久。远在西周时，周幽王就在陕西省临潼县骊山脚下的温泉区，修建了"骊宫"。秦始皇时，又用石头砌筑屋宇，

取名"骊山汤"，供洗澡沐浴用。汉武帝时，又在"骊宫"和"骊山汤"的基础上修葺扩建成离宫（即别墅）。671年，唐高宗李治又把它改名为"温泉宫"。747年后改名为华清宫，又名"华清池"。历代王朝在这里大兴土木，就是看中了骊山这个温泉宝地。

原来，骊山温泉的水温常年保持在43℃左右，几处泉眼每小时流出的泉水达112吨，最适于人们洗澡沐浴。而且兼有治病的作用，在温泉水源西侧的墙壁上，镶有北魏时雍州刺史元苌写的"温尔颂"碑。大意是说，不论疮癣炎肿，只要长期用这里的温泉洗浴，都可以康复如初。

今日华清池

据现代化验，骊山温泉中含有硫酸钙、硫酸钠、氯化钾等多种矿物盐，还有由铀蜕变而成的放射性物质，这些物质和人的皮肤接触后会产生一层药物薄膜，能使皮肤滑润。

中华人民共和国成立后，华清池修饰一新，又新建了好几处男女温泉浴池供人们沐浴之用。洗温泉浴可以说是地热的最直接和原始的应用。

骊山温泉仅是我国丰富的地热资源中一朵小小的奇葩。地热实际上遍布全国。仅云南就有480多处，广东有230多处，福建有150多处，台湾有100多处，西藏至少有50多处，有些温泉的水温比当地的沸点温度还高2℃~3℃。

地热除了给人们带来温泉以外，还可以用来发电呢！1977年，我国在离西藏拉萨80千米处的羊八井热水湖旁，建起了第一座地热发电站。1981年又建成一座6000千瓦的地热电站，不仅把热水湖区的大地照得通亮，还向拉萨输送了电力。

羊八井的热水湖，有的温度超过当地的水沸点，可以煮熟鸡蛋，即使数九寒天，泉水仍然汩汩地翻滚不止。

地热为什么能发电？简单地说，只要热水的温度高于70℃~85℃，它就可以把一种低沸点的氯化烷化合物变成蒸气。用4个大气压的氯化烷蒸气就可以驱动一个汽轮发电机发电。

地热是从哪里来的呢？这就要从地球的内部结构说起了。我们在第一章中已经介绍过，地球有3层，最外一层叫作地壳，地壳下面是地幔，地幔下直到地球的中心部分则叫作地核。

羊八井地热电厂

地球每一层的温度是不相同的。从地表以下平均每下降100米，温度就升高3℃，在地热异常区，温度随深度增加得更快。我国华北平原某一个钻井钻到1000米时，温度为46.8℃；钻到2100米时，温度升高到84.5℃。另一钻井，深达5000米，井底温度为180℃。地球内部的这些热量就是地热。

那么，地壳内部的温度产生的热量是哪里来的呢。一般认为，是由于地球物质中所含的放射性元素衰变产生的热量。有人估计，在地球的历史中，地球内部由于放射性元素衰变而产生的热量，平均为每年209万亿亿千焦。这是多么巨大的热源啊。1981年8月，在肯尼亚首都内罗毕召开了联合国新能源会议，据会议技术报告介绍，全球地热能的潜在资源，相当于现在全球能源消耗总量的45万倍。地下热能的总量约为煤全部燃烧所放出热量的1.7亿倍。

由于构造原因，地球表面的热流量分布不匀，这就形成了地热异常，如果再具备盖层、储层、导热、导水等地质条件，就可以进行地热资源的开发利用了。上面所介绍的冰岛和我国羊八井地热电站正是利用了地热的

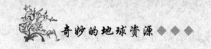

这一特点而进行开发的。

风　能

　　风能是太阳能的一种形式。由于太阳能辐射造成地球各部分受热不均匀，引起大气层中压力不平衡，使空气在水平方向运动形成风，空气运动产生的动能就叫风能。太阳能每年给全球的辐射能约有 2% 转变为风能，大约为全世界每年火力发电量的 3000 倍。虽然风能具有储量大、分布广、可再生和无污染等优点，但是风能亦有密度低、能量不稳定和受地形影响等缺点。因此地球上的风能资源不可能全部利用。中国有可利用的风能资源约为 2.53×10^{11} 瓦，相当于 1992 年全国发电总装机容量的 1.5 倍，平均风能密度为 100 瓦/平方米。

　　人类利用风能已有数千年的历史，埃及、巴比伦和中国等文明古国都是世界上利用风能最早的国家。风帆助航是风能利用最早的形式，直到 19 世纪，风帆船一直是海上交通运输的主要工具。风力提水是早期风能利用的主要形式，公元前 3600 年前后古埃及就使用风车提水、灌溉。12 世纪初风车才传入欧洲，在蒸汽机发明前，风车一直是那里的一种重要的动力源。有"低洼之国"之称的荷兰早就利用风车排水造田、磨面、榨油和锯木等，至今还有数以千计的大风车作为文物保存下来，已成为荷兰的象征。19 世纪，当欧洲风车逐渐被蒸汽机取代后，美国却在开发西部地区时使用了数百万台金属制的多叶片现代风车进行提水作业。中国利用风车提水亦有1700 多年历史，一直到 20 世纪中叶，仅江苏省就还有 20 余万台风车用于灌溉、排涝和制盐等。

　　风力发电是近代风能利用的主要形式。19 世纪末丹麦开始研制风力发电机（简称风力机），但是一直到 20 世纪 60 年代，虽然工业化国家陆续制造出一些样机，但除充电用的小型风力发电机外，都没有达到商品化的程度。

　　近几十年来，风力发电在世界许多国家得到了重视，发展应用很快。应用的方式主要有这么几种：①风力独立供电，即风力发电机输出的电能经过蓄电池向负荷供电的运行方式，一般微小型风力发电机多采用这种方式，适用于偏远地区的农村、牧区、海岛等地方使用。当然也有少数风能转换装置是不经过蓄电池直接向负荷供电的。②风力并网供电，即风力发电机与电网联接，向电网输送电能的运行方式。这种方式通常为中大型风力发电机所采用，稳妥易行，不需要考虑蓄能问题。③风力/柴油供电系统，即一种能量互补的供电方式，将风力发电机和柴油发电机组合在一个系统内向负荷供电。在电网覆盖不到的偏远地区，这种系统可以提供稳定可靠和持续的电能，以达到充分利用风能，节约燃料的目的。④风/光系统，即将风力发电机与太阳能电池组成一个联合的供电系统，也是一种能量互补的供电方式。在我国的季风气候区，如果采用这一系统可全年提供比较稳定的电能输出，补充当地的用电不足。

　　风力致热也是近年来开始发展的风能利用形式。它是将风轮旋转轴输

风力发电

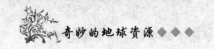

出的机械能通过致热器直接转换成热能，用于温室供热、水产养殖和农产品干燥等。致热器有两类：①采用直接致热方式，如固体与固体摩擦致热器、搅拌液体致热器、油压阻尼致热器和压缩气体致热器等。②采用间接致热方式，如电阻致热、电涡致热和电解水制氢致热等。目前风力致热技术尚处在示范试验阶段，试验证明直接致热装置的效率要比间接致热装置的效率高，而且系统简单。

将风的动能转化为可利用的其他形式能量（如电能、机械能、热能等）的机械统称为风能转换装置。风力机是最通用的风能转换装置。现代风力机一般由风轮系统、传动系统、能量转换系统、保护系统、控制系统和塔架等组成。

风轮系统是风力机的核心部件，包括叶片和轮毂。风轮叶片类似于飞行器——直升机的旋翼，具有空气动力外形，叶片剖面有如飞机机翼的翼型。从叶根到叶尖，其扭角和弦长有一定的分布规律。当气流（风）流经叶片时，将产生升力和阻力。它们的合力在风轮旋转轴的垂直方向上的分量可以使风轮旋转，并带动传动轴转动，将风的动能转换成传动轴的机械能。

核　能

1954 年，苏联建成世界上第一座核电站。50 多年来，特别是最近一二十年来，核能技术发展很快。现在全世界有几十个国家在发展核能发电，我国也已经在 1991 年和 1994 年分别建成了秦山核电站和广东大亚湾核电站。目前，我国又有多座核电站在建设中。

为什么要建核电站呢？核电站安全吗？很多青少年朋友都会有这样的疑问。能源问题是当今世界各国极为关注的问题。一些专家认为，同现在常用的煤电、油电、水电相比较，核电有其不可比拟的优势。在不久的将来，核电将是人类能源的主要来源之一。

核电站的安全性主要表现在防止放射性物质外泄上。1979年，美国三里岛核电站因人工操作不当，堆芯接近熔化，但放射性物质没有外泄。而1986年原苏联切尔诺贝利核电站事故则造成了放射性物质的泄漏，以致使邻近的居民受到伤害。切尔诺贝利核电站事故的主要原因有2条：①反应堆堆型本身存在缺陷；②操作失当。

广东大亚湾核电站

我国和世界上大多数国家建设的核电站，都是采用压水堆型反应堆。这类反应堆用水作减速剂和冷却剂，水与核燃料接触时，不易发生化学反应，比较安全可靠。另外，它还设置了3道防护屏障：①核燃料棒的保护壳；②包容反应堆冷却剂的压力边界，能够耐高温高压；③用钢筋混凝土浇铸的安全壳，厚达2米，把反应堆压力边界的设备都包在其中。有这样三道防线，加上能够自动工作的监测和保护系统，可以监督核反应堆的运行状态，保护其安全运行。在工程设计时，又考虑了抗震、抗腐蚀的措施，这样放射性物质就不容易泄漏了。

到目前，世界上的核电站已运行了5200个堆年（一座反应堆运行1年称1堆年），积累了丰富的经验。国际原子能机构制订了一套核电站的安全规章。从1986年起，我国国家核安全局也制订了《核电站设计、运行、选址和质量保证安全规定》等6个核安全法规和24个安全导则，只要严格执行这些规章，核电站的运行是可以做到万无一失的。

一些读者也许还在为核电站排放的废气、废物、废水而担心。有位专家这样说，核电站的运行，既不释放火电站所必然产生的氧化氮、二氧化硫，也不产生二氧化碳。这些是造成酸雨、黑雨及温室效应的主要因素。因此说，核电是比较清洁的能源。研究、设计者考虑了核电站的三废处理

正在填装核燃料的核反应堆

问题。从核电站卸出的核燃料，即燃烧过的乏燃料，在密封条件下作专门处理。废水、废气同样经过安全处理。至于核电站对周围环境的辐射问题，有这样一些数据可以说明：人们在核电站周围住上一年，所受到的辐射量，还不到一次 X 光透视的几十到几百分之一。以核电站最多的美国为例，它的核电站使每个美国人增加的辐照量，比自然界原本存在的放射性照射量的 0.1% 还小。这大概可以说明核电的"清洁"了吧。

生物质能

人们都知道阿凡提"种金子"的故事，可不一定知道石油也能"种"出来。这是因为石油和煤炭一样，都是从地下开采出来的，人们自然认为它是一种矿物。然而，从石油是古代的动植物形成的这点来看，石油确实可以种植。

美国诺贝尔化学奖得主卡达文。他从花生油、菜籽油、豆油这些可以燃烧的植物油都是从地里种出来这点推论出，石油也应该可以种植。于是，从1978年起，他就决心要将石油种出来，以验证自己的预言。随后，卡达文就到处寻找有可能生产出石油的植物，并着手进行种植试验。

有一天，卡达文发现了一种小灌木。他用刀子划破树皮后，一种像橡胶的白色乳汁流了出来。然后，他对这种乳汁进行化验，发现它的成分和石油很相似，就把这种小灌木叫做"石油树"。

接着，卡达文便忙碌起来，既选种，又育种，还在美国加利福尼亚州试种了约1公顷的"石油树"。结果，一年中竟收获了50吨石油，引起了人们"种石油"的兴趣。

此后，美国便成立了一个石油植物研究所，专门从事"种石油"的研究试验。这个研究所人员发现，在加利福尼亚州有一种黄鼠草中

"石油树"的树脂

就含有石油成分。他们从1公顷这种野生杂草中提炼出约1吨的石油来。后来，研究人员对这种草进行人工培育杂交，提高了草中的石油含量，每公顷可提炼出6吨石油。

卡达文所谓"石油树"，其实是指那些可以直接生产工业用"燃料油"，或经发酵加工可生产"燃料油"的植物的总称。例如，现已发现的大量可直接生产燃料油的植物，主要分布在大戟科，如绿玉树、三角戟、续随子等。这些石油植物能生产低分子量氢化合物，加工后可合成汽油或柴油的

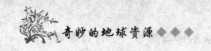

代用品。

据专家研究，有些树在进行光合作用时，会将碳氢化合物储存在体内，形成类似石油的烷烃类物质。如巴西的苦配巴树，树液只要稍作加工，便可当作柴油使用。

目前全世界植物生物质能源每年生长量相当于 600 亿～800 亿吨石油，为目前世界开采量的 20～27 倍，可见潜力之大。目前，英、美等一些工业发达国家用木材加工出石油已达到实用阶段。英国一家公司采用液化技术，用 100 千克木材生产了 24 千克石油，同时还生产出 16 千克沥青和 15 千克蒸汽。美国俄勒冈州一家以木片为原料的工厂，100 千克木片可制取 30 千克石油。

其实，地球上存在着不少的"石油树"，它们所分泌出的液体，不需加工或稍经加工就可作燃料使用。如澳大利亚有一种树，含油率高达 4.2%，也就是说，一吨这样的树可获取优质燃料 5 桶之多。在菲律宾和马来西亚，有一种被誉为"石油树"的银合欢树，这种树分泌的乳液中含"石油"量很高。巴西有一种香胶树，割开树皮就可流出胶汁般的树汁，它的化学成分与石油相似。据实验，这种树汁不需任何加工，就可当柴油使用，经简单加工可炼制汽油。这种树每棵每年可产胶汁 40～60 千克。

人们还发现某些芳草也含有"石油"。美国加利福尼亚州生产一种粗生分布广泛的杂草，由于黄鼠等啮齿动物很害怕它的气味，故取名黄鼠草。黄鼠草可以提炼"油"，大约每公顷这样的野草可提取"石油"1000 千克；若经人工杂交种植，每公顷可提炼"石油"6000 千克。目前，美国学者已发现了 30 多种富含油的野草，如乳草、蒲公英等。此外，科学家还发现300 多种灌木、400 多种花卉都含有一定比例的"石油"。

近年来，科学家又发现利用玉米、高粱、甘蔗的秸秆可以生产汽油酒精，并能直接用作汽车的动力燃料。目前，美国销售的"汽油"中，70%以上实际是酒精汽油。巴西也在用甘蔗发酵生产酒精做汽车动力燃料。

人们不仅在陆地上"种"石油，而且还扩大到海洋上去"种"石油，因为大海里的收获量更大。

美国能源部和太阳能研究所利用生长在美国西海岸的巨型海藻，已成功地提炼出优质的"柴油"。据统计，每平方米海面平均每天可采收 50 克海藻，海藻中类脂物含量达 6%，每年可提炼出燃料油 150 升以上。

加拿大科学家对海上"种"石油也产生了兴趣，并进行了成功的试验。他们在一些生长很快的海藻上放入特殊的细菌，经过化学方法处理后，便生长出了"石油"。这和细菌在漫长的岁月中分解生物体中的有机物质而形成石油的过程基本相似。但科学家只用几个星期的时间就代替了几百万年漫长时光。

英国科学家更为独特，他们不是种海藻提炼石油，而是利用海藻直接发电，而且已研制成一套功率为 25 千瓦的海藻发电系统。研究海藻发电的科学家们将干燥后的海藻碾磨成直径

玉米是生产汽油酒精的原料之一

约 50 微米的细小颗粒，再将小颗粒加压到 300 千帕，变成类似普通燃料的雾状剂，最后送到特别的发电机组中，就可发出电来。

目前，一些国家的科学家正在海洋上建造"海藻园"新能源基地，利用生物工程技术进行人工种植栽培，形成大面积的海藻养殖，以满足海藻发电的需要。

利用海藻代替石油发电，具有这样的两个优点：①海藻在燃烧过程中产生的二氧化碳，可通过光合作用再循环用于海藻的生长，因而不会向空中释放产生温室效应的气体，有利于保护环境；②海藻发电的成本比核能发电便宜得多，基本上与用煤炭、石油发电的成本相当。据计算，如果用一块 56 平方千米的"海藻园"种植海藻，其产生的电力即可满足英国全国的供电需要。这是因为海藻储备的有机物约等于陆地植物的 4 ~ 5 倍。由此

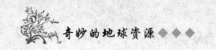
可以看出，利用海藻发电大有可为，具有诱人的发展前景。

当前，各国科学家都在积极地进行海藻培植，并将海藻精炼成类似汽油、柴油等液体燃料用于发电，从而开辟了向植物要能源的新途径。

中国是利用能源植物较早的国家，而且发展林业生物质能源潜力巨大。在我国现有的林木生物质中，每年可用于发展生物质能源的生物量为 3 亿吨左右，折合标准煤约 2 亿吨，如全部得到利用，能够减少 1/10 的化石能源消耗。

文冠树的果子

河北省正在实施的"林油一体化"油料能源示范基地建设项目，就是用黄连木的籽与文冠树的果制造生物柴油，目前已在 4 万亩荒山丘陵地种上这两种"柴油树"。四川省在"野生植物油做柴油代用燃料的开发应用示范"项目中，利用野生小桐子树果实提取生物柴油也获得了成功。

钢筋铁骨——金属矿产

铜　矿

自人类从石器时代进入青铜器时代以后，青铜被广泛地用于铸造钟鼎礼乐之器，如中国的稀世之宝——商代晚期的司母戊鼎就是用青铜制成的。所以，铜矿石被称为"人类文明的使者"。

铜在地壳中的含量只有0.007％，可是在4000多年前的先人就使用了，这是因为铜矿床所在的地表往往存在一些纯度达99％以上的紫红色自然铜（又叫红铜）。它质软，富有延展性，稍加敲打即可加工成工具和生活用品。

铜矿上部的氧化带中，还常见一种绿得惹人喜爱的孔雀石。孔雀石因其色彩像孔雀的羽毛而得名。它多呈块状、钟乳状、皮壳状及同心条带状。用孔雀石制成的绿色颜料称为石绿，又叫石菉。孔雀石别号叫"铜

司母戊鼎

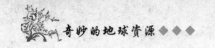
绿"，它还是找矿的标志。1957 年，地质队员来到湖北省大冶市铜绿山普查找矿，通过勘探，发现大冶市铜绿山是一个大型铜、铁、金、银、钴综合矿床。

南美洲的智利，号称"铜矿之国"。那里有个大铜矿，也是外国人根据孔雀石发现的，那是 18 世纪末叶的一个趣闻。当时，智利还在西班牙殖民者的统治下。一次，有个西班牙的中尉军官，因负债累累而逃往阿根廷去躲债。他取道智利首都圣地亚哥以南约 80.5 千米的卡佳波尔山谷，登上 1600 米高的安第斯山时，无意中发现山石上有许多翠绿色的铜绿。他的文化素养使他认识到这是找铜的"矿苗"，于是带着矿石标本去报矿。后经勘查证实，这是一个大型富铜矿。这座铜矿特命名为"特尼恩特"（西班牙文意为"中尉"）。它是目前世界上最大的地下开采铜矿，年产铜锭 30 万吨。

已发现的含铜矿物有 280 多种，主要的只有 16 种。除自然铜和孔雀石之外，还有黄铜矿、斑铜矿、辉铜矿、铜蓝和黝铜矿等。我国开采的主要是黄铜矿（铜与硫、铁的化合物），其次是辉铜矿和斑铜矿。

黄铜矿与黄铁矿（硫化铁）有时凭直观很难区别，但是只要拿矿物在粗瓷上划条痕可立见分晓：绿黑色的是黄铜矿；黑色的便是黄铁矿。

铜矿有各种各样的颜色。斑铜矿呈暗铜红色，氧化后变为蓝紫斑状；辉铜矿（硫化二铜）铅灰色；铜蓝（硫化铜）靛蓝色；黝铜矿是钢灰色；蓝铜矿（古称曾青或石青）呈鲜艳的蓝色。在古代文献中，青色即指深蓝色，即"青出于蓝胜于蓝"的那个"青"。

全世界探明的铜矿储量约 6 亿多吨，储量最多的国家是智利，约占世界储量的 1/3。我国也是世界上铜矿较多的国家之一，总保有储量铜 6243 万吨，居世界第七位。在我国探明储量中富铜矿占 35%。铜矿分布广泛，除天津、香港外，包括上海、重庆、台湾在内的全国各省区皆有产出。已探明储量的矿区有 910 处。江西铜储量位居全国榜首，占 20.8%，西藏次之，占 15%；再次为云南、甘肃、安徽、内蒙古、山西、湖北等省，各省铜储量均在 300 万吨以上。

我国铜矿资源从矿床规模、铜品位、矿床物质成分和地域分布、开采

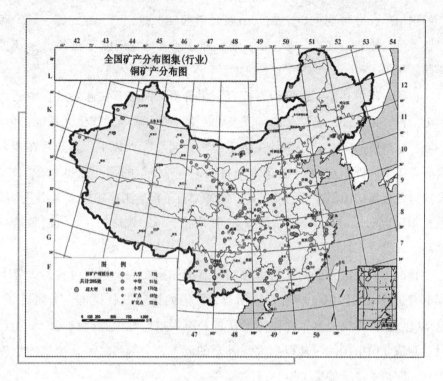

中国铜矿分布

条件来看具有以下特点：

（1）中小型矿床多，大型、超大型矿床少。据全国矿产储量委员会1987年颁布的"矿床规模划分标准"，大型铜矿床的储量大于50万吨，中型矿床10万~50万吨，小型矿床小于10万吨。五倍于大型矿床储量的矿床则称为超大型矿床。按上述标准划分，我国铜矿储量大于250万吨以上的矿床仅有江西德兴铜矿田、西藏玉龙铜矿床、金川铜镍矿田、东川铜矿田。在探明的矿产地中，大型、超大型仅占3%，中型占9%，小型占88%。

（2）贫矿多，富矿少。我国铜矿平均品位为0.87%，品位大于1%的铜的储量约占全国铜矿总储量的35.9%。在大型铜矿中，品位大于1%的铜储量仅占13.2%。

（3）共伴生矿多，单一矿少。在我国已发现的900多个矿床中，单一矿仅占27.1%，综合矿占72.9%，具有较大综合利用价值。许多铜矿山生

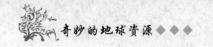

产的铜精矿含有可观的金、银、铂族元素和铟、镓、锗、铊、铼、硒、碲以及大量的硫、铅、锌、镍、钴、铋、砷等元素，它们赋存在各类铜及多金属矿床中。

在铜矿床中共伴生组分颇有综合利用价值。铜矿石在选冶过程中回收的金、银、铅、锌、硫以及铟、镓、镉、锗、硒、碲等共伴生元素的价值，占原料总产值的44%。中国伴生金占全国金储量35%以上，多数是在铜多金属矿床中，伴生金的产量76%来自铜矿，32.5%的银产量也来自铜矿。全国有色金属矿山副产品的硫精矿，80%来自于铜矿山，铂族金属几乎全部取之于铜镍矿床。不少铜矿山选厂还选出铅、锌、钨、钼、铁、硫等精矿产品。

我国虽然是世界上铜矿资源较为丰富的国家之一，但同时也是世界上铜消费量最大的国家。两者相较而言，我国的铜资源就显得十分匮乏了。自20世纪90年代以来，伴随着经济的持续发展、城镇基础设施的快速建设、制造业向中国的转移以及大量外资的流入，中国当仁不让地成为世界工厂和铜消费增长的集中地。

2001年，我国超过了美国，成为世界最大的铜消费国。2005年，我国的铜消费量大约占全球总消费的22%，约为380万吨，而这其中的50%～75%是用于国内消费。从行业分布看，中国最大的铜消费行业是电力电气行业，汽车制造业、建筑业等，其中，电力行业的铜用量占国内铜用量的大约55%。

有鉴于此，我国的科学家们正在大力研究可以代替铜的新材料，其中，尼龙产品和锌合金产品已经获得推广应用了。

铁 矿

人类认识铁的历史比铜更早。然而，由于铁的熔点（1535℃）要比铜高500℃，冶铁技术的难度更大。因此，在人类发展史上，铁器时代要晚于青铜器时代。

铁在地壳中的含量为 4.75%，比铜的含量高 600 倍。因此，铁矿比铜、铅、锌等有色金属矿既多又大。构成铁矿床的含铁矿物主要有磁铁矿、赤铁矿、镜铁矿、菱铁矿、褐铁矿和针铁矿。用来炼铁的矿物以含铁量较高的赤铁矿和磁铁矿为主。

赤铁矿的成分是三氧化二铁，颜色呈暗红色或钢灰色，它因粉末呈红色而得名。赤铁矿比同体积的水约重 5 倍，有时呈现有趣的肾状块体或鱼子状集合体。集合体呈铮亮的玫瑰花瓣状的赤铁矿特称镜铁矿。

磁铁矿的最显著特征是具有强磁性，所以又称"吸铁石"。内蒙古乌兰察布草原有一座海拔 1783 米的巍峨高山，历代传说那里有无边的神力。据说，成吉思汗有一次率轻骑上山，可是往日的千里马到山顶时，马蹄居然不能动弹。武士们奋力推马，直到铁马掌脱落，骏马才恢复行动自由。1972年 7 月，28 岁的地质学家丁道衡到这里考察，终于揭开了这个千古之谜。原来，这是一座铁矿山，吸住马掌铁的不是神力而是磁铁矿的强磁性。这就是白云鄂博铁矿，称得上是天然的大磁铁。

赤铁矿铁矿的形成过程相当复杂。如果将地球比作鸡蛋，那么 3000千米深处的铁镍地核犹如蛋黄。5.7 亿~3.5 亿年前的地壳较薄，断裂多而深，火山喷发频繁，蕴藏在深处的含铁岩浆大量喷出地表。岩浆在地面附近冷却的过程中，分离出铁质和铁矿物，在一定部位相对富集形成铁矿。含铁岩石经日晒雨淋，风化分解，里面的铁被氧化。氧化铁溶解在水中，被带到平静的宽阔水盆地里沉淀富集成沉积型铁矿。再经多次地壳变动，使铁进一步富集。世界上好多著名大铁矿（储量超过 1 亿吨）就是这样形成的。

菱形十二面形磁铁矿全世界已探明铁矿石储量有 2000 多亿吨。俄罗斯的铁矿储量和产量均居世界之首。另外，储量较多的有加拿大、巴西、澳大利亚、印度、美国、法国及瑞典。

中国铁矿资源比较丰富，在全国各地均有分布。按地理位置划分，我国的铁矿区可以分为东北矿区、华北矿区、华东矿区和中南矿区。

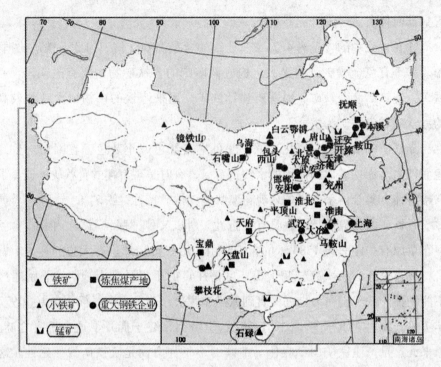

中国铁矿分布

东北的铁矿主要是鞍山矿区，它是目前我国储量开采量最大的矿区，大型矿体主要分布在辽宁省的鞍山、本溪，部分矿床分布在吉林省通化附近。鞍山矿区是鞍钢、本钢的主要原料基地。

华北地区铁矿主要分布在河北省宣化、迁安和邯郸、邢台地区的武安、矿山村等的地区以及内蒙和山西各地。华北铁矿区是首钢、包钢、太钢和邯郸、宣化及阳泉等钢铁厂的原料基地。

中南地区铁矿以湖北大冶铁矿为主，其他如湖南的湘潭，河南省的安阳、舞阳，江西和广东省的海南岛等地都有相当规模的储量，这些矿区分别成为武钢、湘钢及本地区各大中型高炉的原料供应基地。

大冶矿区是我国开采最早的矿区之一，主要包括铁山、金山店、成潮、灵乡等矿山，储量比较丰富。矿石主要是铁铜共生矿，铁矿物主要为磁铁矿，其次是赤铁矿，其他还有黄铜矿和黄铁矿等。矿石含铁量 40% ~ 50%，最高的达 54% ~ 60%。

华东地区铁矿主要是自安徽省芜湖至江苏南京一带的凹山，南山、姑山、桃冲、梅山、凤凰山等矿山。此外，还有山东的金岭镇等地也有相当丰富的铁矿资源储藏，是马鞍山钢铁公司及其他一些钢铁企业原料供应基地。

除上述各地区铁矿外，我国西南地区、西北地区各省，如四川、云南、贵州、甘肃、新疆、宁夏等地都有丰富的不同类型的铁矿资源，分别为攀钢、重钢和昆钢等大中型钢铁厂高炉生产的原料基地。我国铁矿资源虽较丰，但以贫矿居多。因此，要从国外进口富铁矿。

近年来，随着经济的发展，我国已经成为世界上最大的铁矿石进口国。我国进口铁矿石的现状大致如下：

（1）中国是国际铁矿石的最大买主。2017 年中国共进口 10 亿吨铁矿石。

（2）中国进口铁矿石库存量较大。2017 年中国的铁矿石港口库存已突破 1.5 亿吨。

（3）中国拥有稳定的国产矿自给率。2017 年中国的铁矿石原矿产量达到 7.5 亿吨。中国的国产矿自给率多年来保持在 50% 左右的水平。

（4）中国的海外权益矿规模在不断扩大。自 2009 年起，中国的钢铁企业、贸易企业等加大了对海外权益矿的投资力度，主要以购买海外矿企的股权为主。这些权益矿的存在，增强了中国钢厂对上游资源的控制力和话语权。

用铁矿石炼出来的铁，工业上以含碳量多少分成生铁（含碳 1.7% ~ 4.5%）、熟铁（含碳 0.1% 以下）和钢（含碳 0.1% ~ 1.7%）三种。在我们使用的各类金属中，钢铁要占到 90% 以上。钢铁产量是衡量一个国家工业水平和国防实力的标志。

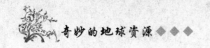

黄　金

从古到今，"黄金"这两个字不管对一个国家还是一个人，都有着极大的吸引力，拥有黄金就等于拥有了财富。所以，古今中外有不少人做过"黄金梦"；有不少人想学"炼金术"，能有"点石成金"的法术。黄金不仅是财富的象征，在西方，带有精美而昂贵的黄金首饰，如戒指、耳环、项链、胸饰、别针、手镯等，出入社交界，是高贵的象征，视为最时髦的事。由于黄金具有较好的导电性和其优异的延展性，随着现代镀金和合金技术的飞速发展，黄金及其合金在核反应堆、喷气发动机、火箭、超音速飞机、电子器件、人造纤维、宇宙飞行等方面，都获得了广泛的应用。

金戒指

在金属世界中，金是能够以自然形态存在的金属之一。它很早就被人类所发现，是人类早期文明中最先结识的朋友。由于它的颜色为金黄色，能够强烈地反射太阳的光辉，光泽耀眼，闪闪熠熠，格外受到人们的喜爱。金体积小而重量大，便于携带、运输。利用它的密度大的特点，可以沙里淘金；金的密度大，但硬度较小。通常自然金用牙都能咬出痕迹来，用普通小刀、钉子也能进行刻划；金的化学性质极稳定，它在任何状态下都不会被氧化，所以它不会生锈、变质，不受腐蚀，易于储藏；金的熔点和沸点均很高，熔点为1063.4℃；沸点为2677℃；金的延展性极佳，能在一定的压力下伸展成薄片——金箔，最薄的金箔仅有0.0001毫米厚，像这样的金箔10万张叠在一起，厚度也只有1厘米。纯金可以拉制成极细的金丝。我国古代人民利用金的这一特性，把金制成金线，用作华丽的"织金"服；纯金的质地很软，当含有杂质时，其物理性能就会发生显著改变，如金中若含有 0.01% 的铅，其性质就变脆；当含有银或铜时，硬度会增加。

根据地质学的勘查表明，金在地壳中的含量很少，可算是一种稀少而珍贵的金属。每千吨岩石中的含金量仅为 3.5 克。而金的开采主要为脉金和沙金两种，约占金总储量的 75%，其次是和一些有色金属相伴生的金，约占金总储量的 25%。就整个世界而言，黄金的总储量为 3.5 万 ~ 4 万吨，与其他矿物相比，黄金的储量是很少的。因此，黄金就显得更加宝贵。

金、银、铜、铁、锡，在我国古时合称五金。这 5 种金属不仅是我国最早发现和利用的矿物资源，而且也是世界上各文明古国（如古埃及、古希腊、古罗马等）最早发现和利用的矿物资源。它们的发现应当归功于古代人民的集体智慧。我国古代人是怎样发现黄金和利用黄金的呢？据明朝宋应星所著《天工开物》一书的记载大意是：中国产金地区，约有 100 多处，难以一一列举。山石中出产的，大者名叫马蹄金，中者名橄榄金、带胯金，小者名为瓜子金。水沙中出产的大者名叫狗头金，小者名叫麸麦金或糠金。平地掘井得者，叫面沙金，大者名豆粒金。但都要先经过淘洗后进行冶炼，才能成为整块的金子。书中还说：黄金多数出产在西南地区。采金人开凿矿井达 10 余丈深，一看到伴金石（与金相伴生的矿石），就可以找到金了。河里的沙金多产于云南的金沙江（古代叫丽水），这条江源自青藏高原，绕过丽江府，流至北胜州，迂回 250 余千米，产金的地方有好几段。此外，在四川省北部的潼川等州县和湖南省的沅陵、溆浦等地，都可以在河沙中淘得沙金。在千百次的淘取中，偶尔能得到一块狗头金，称为金母，其余的都不过是小的麸麦金。金在冶炼时，最初为浅黄色，再炼转为赤色。

据考证，我国上古时代黄金的发现与利用大概与铜的发现与利用属于同一时期。由于金不易氧化，在自然界中能够以原生的自然状态存在；又

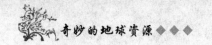

因其具有灿烂夺目的光辉和摸上去的沉重凝实的手感，很容易和岩石、沙子区分开来，所以当它一旦出露于山崖沙岸时，很容易被人们所采集，上古时代的人们就是根据金的这些特性而很早就发现了它。

随着科学技术的发展，人们已经探明中国金矿的黄金储存。根据20世纪80年代末的统计资料，我国已发现金矿床（点）共计7148处，其中岩金矿床（点）3734处，砂金矿床（点）3026处，伴（共）生金矿床388处。在已知矿床（点）中，现已探明的金矿床1232个，包括岩金矿床573处，砂金矿床456处，伴（共）生金矿床204处。

据全国矿产储量汇总表统计，1996年末全国金矿保有储量4264.78吨。其中岩金2515.8吨，占59%；砂金557.42吨，占13.1%；伴（共）生金1191.56吨，占27.9%。

我国金矿成矿地质条件优越，根据地质矿产部有关专家预测山东等10个省的统计金矿资源总量可达11025吨。但我国黄金资源在地区分布上不平衡的，东部地区金矿分布广、类型多。砂金较为集中的地区是东北地区的北东部边缘地带，中国大陆三个巨型深断裂体系控制着岩金矿的总体分布格局，长江中下游有色金属集中区是伴（共）生金的主要产地。

我国金矿类型繁多，其金矿床的工业类型主要有：石英脉型、破碎带蚀变岩型、细脉浸染型（花岗岩型）、构造蚀变岩型、铁帽型、火山—次火山热液型、微细粒浸染型等矿床。其中主要产于破碎带蚀变岩型、石英脉型及火山—次火山热液型，三者约占金矿总储量的94%。尽管我国金矿类型较多，找矿地质条件较优越，但至今还未发现像南非的兰德型、前苏联的穆龙套型、美国的霍姆斯塔克和卡林型，加拿大霍姆洛型以及日本与巴布亚新几内亚的火山岩型等超大型的金矿类型。

我国金矿分布广泛，据统计，全国有1000多个县（旗）有金矿资源。但是，已探明的金矿储量却相对集中于我国的东部和中部地区，其储量约占总储量的75%以上，其中山东、河南、陕西、河北四省保有储量约占岩金储量的46%以上；其他储量超过百吨的省（区）有辽宁、吉林、湖北、贵州、云南；山东省岩金储量达593.61吨，接近岩金总储量的1/4，居全国第一位。砂金主要分布于黑龙江，占 27.7%，次为四川占 21.8%，两省合计几乎占砂金保有储量的 1/2。

白 银

银是人类最早发现和开采利用的金属元素之一。约在 6000～5000 年以前的远古时代，人类就已经认识自然银，并且采集它。

在元素周期表里，银和金是同一族；在黄金饰物中往往掺有一定数量的白银。在自然界里，银和金常以"姐妹矿"形式产出。当金矿物中的银含量达 10%～15% 时，叫银金矿；银含量超过金含量的矿物称金银矿。许多金矿既产金又产银。世界上的银大部分产在铜、铅、铁、镍的硫化物矿床中。江西德兴县银山，是我国唐代唯一的大型银矿。这个矿床的银都赋存于方铅矿中，因此，古人把方铅矿称为"银母"。

16 世纪以前，世界银矿的采冶中心居地中海和亚洲地区，最大的银矿在希腊、西班牙、德国和中国，当时年均产银不足 200 吨。到了中世纪以后，美洲和大洋洲相继被人们开发，从此世界采银业的重心，逐渐转到秘鲁、墨西哥，继而发展到美国、智利、加拿大和澳大利亚，至今这些国家仍是世界上主要产银的国家。

银矿石

我国是世界上发现和开采利用银矿最早的国家之一，据甘肃玉门火烧沟遗址中出土的耳环、鼻环等银质饰品考证，早在新石器时代的晚期，我国古代劳动人民就认识银矿，并且采集、提炼白银，加工制作饰物。

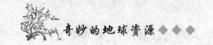
进入春秋时期，全国发现"银山"已有十余处。在战国至汉代的墓葬中，见有银项圈、银器、银针等随葬品，这充分说明，战国至汉代，不仅能采冶银矿石，而且加工制作银器的工艺也达到了相当高的水平。到了唐代，据记载，当时全国有银地点共35处，民间采银颇盛。唐元和年间（806～820年）白银的年收入量达10万余两。宋元是我国古代银矿业继续发展时期，银矿场分布于68个州（京、府、军），当时银的总收入量达21万余两。

我国银矿的地质工作始于20世纪初地质调查所成立之后，截至1949年，全国只有十几处含银量高的铅锌生产矿区（如水口山、柴河、澜沧等）进行了浅部的银矿储量概算。中华人民共和国成立后，20世纪50年代在对有色金属矿床进行大规模勘探的同时，对伴（共）生银矿开展了综合评价。20世纪60年代后期逐步加强了独立银矿的地质调查和科学研究，至20世

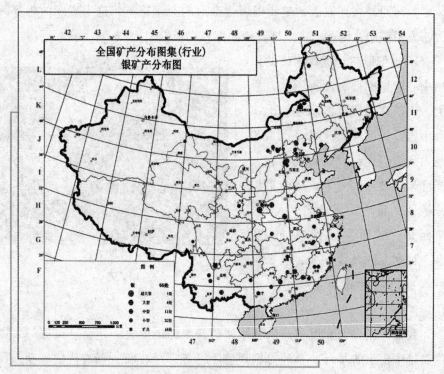

中国银矿分布

纪70年代末有7处大、中型银矿产地（山东十里堡、浙江银坑山、湖北银洞沟、陕西银硐子、河南破山、广东庞西洞、广西金山）经勘探转入工业评价。

我国银矿储量按照大区，以中南区为最多，占总保有储量的29.5%，其次是华东区，占26.7%；西南区占15.6%；华北区占13.3%；西北区占10.2%；最少的是东北区，只占4.7%。

从省区来看，保有储量最多的是江西，为18016吨，占全国总保有储量的15.5%；其次是云南，为13190吨，占11.3%；广东为10978吨，占9.4%；内蒙古为8864吨，占7.6%；广西为7708吨，占6.6%；湖北为6867吨，占5.9%；甘肃为5126吨，占4.4%。以上7个省区储量合计占全国总保有储量的60.7%。

从以上数据可以看出我国银矿分布有以下几个特点：

（1）产地分布广泛，储量相对集中。全国已探明有储量的产地有569处，分布在27个省区。储量在万吨以上的省有江西、云南、广东；储量在5000~10000吨的省区有内蒙古、广西、湖北、甘肃。这7个省区的储量占了全国总保有储量的60.7%。其余20个省、自治区、直辖市的储量只占全国总储量的39.3%。

（2）伴生银资源丰富，产地多，但贫矿多，富矿少。我国伴生银资源丰富，1995年保有储量66146吨，占当年银总保有储量的58%，尚有一部分矿区未进行银的分析或未计算储量，伴生银矿储量实际上应更多些。全国除宁夏外，其他各省、自治区、直辖市都有伴生银产地。伴生银矿储量和产地以江西、湖北、广东、广西和云南为最多。但是我国伴生银矿富矿少，贫矿多，银品位大于50克/吨的富伴生银矿只占伴生银矿储量的1/4左右，而银品位小于50克/吨的贫伴生银矿储量却占伴生银矿总储量的3/4。

（3）大、中型产地少，占有的储量多；小型产地多，占有的储量少。我国以银为主要开采对象的银矿，大型产地12处，中型产地40处，大、中型产地占有的储量占该类银矿储量的95%；小型产地29处，占有的储量只

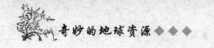

占5%左右。

伴生银矿大型产地14处，中型产地73处，大、中型产地占有的伴生银矿储量占伴生银矿总储量的79%，而小型产地有271处，占有的伴生银矿储量只占伴生银矿总储量的21%。

（4）银多与铅锌矿共生或伴生。我国共生银矿以银铅锌矿为多，其保有储量占银矿储量的64.3%。伴生银矿主要产在铅锌矿（占伴生银矿储量的44%）和铜矿（占伴生银矿储量的31.6%）中。与银共生或伴生的除了铅锌和铜外，还有锡矿、金矿，以及多金属矿等等。

银在生活应用广泛，它除了可以用来加工首饰和各种奢侈品以外，在工业中也是不可代替的原料，而且银还可以用来杀菌和验毒。

据说，蒙古族牧民常用银碗盛马奶，长久都不会变质。因为银具有极强的杀菌能力，3克银粉足以杀灭50吨水里的细菌，而人畜喝了完全无害。

相传古代皇宫贵族吃饭时定要用银筷，因为他们认为银遇毒会变黑，以此来验证饭菜有否下毒。其实，我国的许多传统菜，如松花蛋、臭豆腐中都含有少量的硫化氢气体，也能使银筷发黑，但并没有毒。科学实验证明，一般人较熟悉的剧毒物，如砒霜、氰化物、农药、蛇毒等，都不与银直接发生化学反应，所以说，银没有验毒本领。但古代的砒霜的确曾使银器发黑，那是由于古人的炼砒（三氧化二砷）技术不高，提得不纯，往往含硫，而银和硫或硫化氢接触，会生成黑色的硫化银。

铝　矿

1825年，丹麦物理学家H·C·奥尔斯德使用钾汞齐与氯化铝交互作用获得铝汞齐，然后用蒸馏法除去汞，第一次制得了金属铝。从此，铝这种金属就开始走进人们的生活了。

自然界已知的含铝矿物有258种，其中常见的矿物约43种。实际上，由纯矿物组成的铝矿床是没有的，一般都是共生分布，并混有杂质。从经济和技术观点出发，并不是所有的含铝矿物都能成为工业原料。用于提炼金属铝的主要是由一水硬铝石、一水软铝石或三水铝石组成的铝土矿。

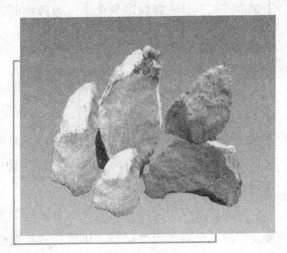

铝矿石

一水硬铝石又名水铝石，斜方晶系，结晶完好者呈柱状、板状、鳞片状、针状、棱状等。水铝石溶于酸和碱，但在常温常压下溶解甚弱，需在高温高压和强酸或强碱浓度下才能完全分解。一水硬铝石形成于酸性介质，与一水软铝石、赤铁矿、针铁矿、高岭石、绿泥石、黄铁矿等共生。其水化可变成三水铝石。

一水软铝石又名勃姆石、软水铝石，斜方晶系，结晶完好者呈菱形体、棱面状、棱状、针状、纤维状和六角板状。矿石中的一水软铝石常含三氧化二铁、氧化钙等类质同象。一水软铝石可溶于酸和碱。该矿物形成于酸性介质，主要产在沉积铝土矿中，其特征是与菱铁矿共生。它可被一水硬铝石、三水铝石、高岭石等交代，脱水可转变成一水硬铝石等，水化可变成三水铝石。

三水铝石又名水铝氧石、氢氧铝石，单斜晶系，结晶完好者呈六角板状、棱镜状，常有呈细晶状集合体或双晶，矿石中三水铝石多呈不规则状集合体，均含有不同量的三氧化二铁、氧化钙等类质同象或机械混入物。三水铝石溶于酸和碱，其粉末加热到100℃经2个小时即可完全溶解。该矿物形成于酸性介质，在风化壳矿床中三水铝石是原生矿物，也是主要矿石矿物，与高岭石、针铁矿、赤铁矿、伊利石等共生。三水铝石脱水可变成一水软铝石、一水硬铝石等。

其实，铝土矿的发现要比铝元素早，当时误认为是一种新矿物。从铝土矿生产铝，首先需制取氧化铝，然后再电解制取铝。铝土矿的开采始于1873 年的法国，从铝土矿生产氧化铝始于 1894 年，采用的是拜耳法，生产规模仅每日 1 吨多。

到了 1900 年，法国、意大利和美国等国家有少量铝土矿开采，年产量才不过 9 万吨。随着现代工业的发展，铝作为金属和合金应用到航空和军事工业，随后又扩大到民用工业，从此铝工业得到了迅猛发展，到 1950 年，全世界金属铝产量已经达到了 151 万吨，1996 年增至 2092 万吨，成为仅次于钢铁的第二重要金属。

铝土矿的应用领域有金属和非金属两个方面。铝土矿的非金属用途主要是作耐火材料、研磨材料、化学制品及高铝水泥的原料。铝土矿在非金属方面的用量所占比重虽小，但用途十分广泛。例如：化学制品方面以硫酸盐、三水合物及氯化铝等产品可应用于造纸、净化水、陶瓷及石油精炼方面；活性氧化铝在化学、炼油、制药工业上可作催化剂、触媒载体及脱色、脱水、脱气、脱酸、干燥等物理吸附剂；氯化铝可供染料、橡胶、医药、石油等有机合成应用；玻璃组成中有 3%～5% 的氧化铝可提高熔点、黏度、强度；研磨材料是高级砂轮、抛光粉的主要原料；耐火材料是工业部门不可缺少的筑炉材料。

金属铝是世界上仅次于钢铁的第二重要金属，1995 年世界人均消费量达到 3.29 千克。由于铝具有密度小、导电导热性好、易于机械加工及其他许多优良性能，因而广泛应用于国民经济各部门。目前，全世界用铝量最大的是建筑、交通运输和包装部门，占铝总消费量的 60% 以上。铝是电器工业、飞机制造工业、机械工业和民用器具不可缺少的原材料。

正因为铝在经济建设中的重要作用，所以，中华人民共和国建立后，国家就加强了对铝土矿的勘探和加工工作。我国铝土矿的普查找矿工作最早始于 1924 年，当时由日本人板本峻雄等对辽宁省辽阳、山东省烟台地区的矾土页岩进行了地质调查。此后，日本人小贯义男等人，以及我国学者王竹泉、谢家荣、陈鸿程等先后对山东淄博地区、河北唐山和开滦地区，山西太原、西山和阳泉地区，辽宁本溪和复州湾地区的铝土矿和矾土页岩

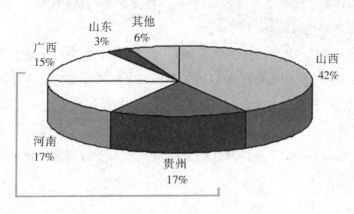

中国铝矿分布图

进行了专门的地质调查。我国南方铝土矿的调查始于1940年，首先是边兆祥对云南昆明板桥镇附近的铝土矿进行了调查。随后，1942～1945年，彭琪瑞、谢家荣、乐森王寻等人，先后对云、贵、川等地铝土矿、高铝黏土矿进行了地质调查和系统采样工作。总起来说，中华人民共和国成立以前的工作多属一般性的踏勘和调查研究性质。

铝土矿真正的地质勘探工作是从中华人民共和国成立后开始的。1953～1955年间，冶金部和地质部的地质队伍先后对山东淄博铝土矿、河南巩县小关一带铝土矿、贵州黔中一带铝土矿、山西阳泉白家庄矿区，等等，进行了地质勘探工作。但是，当时由于缺少铝土矿的勘探经验，没有结合中国铝土矿的实际情况而盲目套用前苏联的铝土矿规范，致使1960～1962年复审时，大部分地质勘探报告都被降了级，储量也一下减少了许多。1958年以后，我国对铝土矿的勘探积累了一定的经验，在大搞铜铝普查的基础上，又发现和勘探了不少矿区，其中比较重要的有：河南张窑院、广西平果、山西孝义克俄、福建漳浦、海南蓬莱等等铝土矿矿区。

我国铝土矿大规模开发利用是从中华人民共和国建立以后开始的。1954年首先恢复以前日本人曾小规模开采过的山东沣水矿山。1958年以后在山东、河南、贵州等省先后建设了501、502、503三大铝厂，为了满足这三大铝厂对铝土矿的需求，在山东、河南、山西、贵州等省建

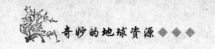

成了张店铝矿、小关铝矿、洛阳铝矿、修文铝矿、清镇铝矿、阳泉铝矿等铝矿原料基地。

进入20世纪80年代，特别是1983年，中国有色金属工业总公司成立以后，我国铝土矿的地质勘探和铝工业得到了迅速发展，新建和扩建了以山西铝厂、中州铝厂为代表的一批大型铝厂，使我国原铝产量由1954年的不足2000吨，发展到了2017年的3187万吨。建立了从地质、矿山到冶炼加工一整套完整的铝工业体系，铝金属及其加工产品基本可满足我国经济建设的需要。

汞　矿

汞是在常温下唯一呈液态的金属，又名称水银，银白色，比重13.546，熔点 $-38.87℃$，沸点 $357℃$。

汞由于有特异的物理化学性能，因此，广泛用于化学、电气、仪表及军事工业等。此外，还用作原子核反应堆的冷却剂和防原子辐射材料，也用于提取有色金属，用混汞法提取金和从炼铅的烟尘中提取铊以及用于提取铝，在医药方面也有一定的用途。

汞的产品主要是汞和辰砂。我国汞矿以产汞为主。辰砂用于化工、医药等方面。由于辰砂色泽艳红、美丽，粒度大者称珠宝砂，因此含辰砂的叶蜡石俗称"鸡血石"。

汞在自然界分布广泛，不仅在地壳的各类岩石中有着广泛的分布，而且在地壳外部的水圈中、大气圈中、生物圈中也普遍存在，但与其他部分元素相比，其含量却是少量和微量的。

汞在自然界呈自然元素或 Hg^{2+} 的离子化合物存在，具有强烈的亲硫性和亲铜性。目前，已发现的汞矿物和含汞矿物约有20多种。其中，大部分是汞的硫化物，其次是少量的自然汞、硒化物、碲化物、硫盐、卤化物及氧化物等。常见的矿物主要有：自然汞、辰砂、黑辰砂、灰硒汞矿、辉汞矿、碲汞矿、甘汞、氯汞矿、黄氯汞矿、橙红石、硫汞锑矿、汞黝铜矿、汞银矿。其中，作为工业矿物原料具有开采价值的主要是辰砂、黑辰砂。辰砂富矿石可直接入炉冶炼，但大多数汞矿床含汞量较低，矿石要用选矿方法富集成精矿才能冶炼。

中国是世界上发现和利用汞矿最早的国家，据考古资料，在仰韶文化层和龙山文化层里，均发现"涂朱"（砂）遗物，因此，中国利用汞的历史，可以追溯至 5000 年前。从殷开始，丹砂被用作颜料；春秋战国以后，又在炼丹术和医药方面得到了应用，并开始用以提炼汞；有关汞同硫合成丹砂、汞同铅形成铅汞齐等记载，见于汉代魏伯阳《参同契》、晋代葛洪《抱朴子》等著作；宋代的《金华冲碧丹经秘旨》和明代的《天工开物》，均有记述了炼汞技术及其设备。中国对汞的开采利用，比国外利用汞矿最早的希腊人和罗马人还要早 1000 多年。

虽然我国发现和利用汞的历史比较早，但是由于各种原因，我国的汞工业直到中华人民共和国成立后才有了较大的发展。1919～1949 年之间，先后有翁文灏、乐森、王寻、王曰伦、熊永先、吴希曾、田奇、王隽、刘国昌、周德忠等 20 多位地质学家对贵州、湖南、云南、广西、四川、湖北、甘肃等地的汞矿进行了开创性的地质调查和研究，著有简报或论文。20 世纪 40 年代，资源委员会对一些汞矿产地进行探采工作。中华人民共和国成立后，为适应国民经济建设的需要，于 20 世纪 50 年代开始了大规模的地质勘探和开发工作，如今中国已成为世界上的主要汞矿生产国之一。

我国的汞矿主要产于云南、贵州、湖南、广西和陕西。我国汞矿分布从大区来看，汞储量依次：西南区占全国汞储量的 56.9%，居首位。其次是西北区占 28.4%、中南区占 14.4%，其他大区则很少，仅占 0.3%。就各省区来看，贵州储量最多，占全国汞储量的 38.3%，其次为陕西占 19.8%、四川占 15.9%、广东占 6%、湖南占 5.8%、青海占 4.4%、甘肃占 3.7%、云南占 2.7%。以上 8 个省区合计储量占全国汞储量的 96.6%，其中前三位的贵州、陕西、四川三省合计占 74%。

中国汞矿资源有以下主要特点：

（1）矿产地和储量分布高度集中。从全国已探明有储量的 103 个矿区来看，主要集中分布在贵州、陕西、四川。这三个省探明有储量的矿区合计 55 处，占全国汞矿区总数的 53.4%；三省现保有汞储量合计 6.02 万吨，占全国汞总储量的 74%。其次为广东、湖南、青海三省，探明有储量的矿区合计占 21.4%，储量占 16.3%。

（2）储量组成，以单汞矿床的储量为主，与其他矿床共伴生的储量也有一定的比例。据统计共伴生汞储量约占全国保有汞储量的 20% 左右，主要共伴生在铅锌矿床、锑汞矿床中，有的汞储量已达到大型矿床规模，如广东凡口铅锌矿床的伴生汞矿有 3000 吨，陕西凤县铅硐山铅锌矿床伴生汞有 1069 吨、旬阳青铜沟汞锑矿床，共生汞 7257 吨、旬阳公馆汞锑矿床（南矿段）共生汞 5895 吨。虽然共伴生汞矿储量可观，但由于选冶分离技术尚未解决，因此，一些矿床对这部分汞矿资源也未能充分利用或综合回收。

（3）贫矿多，富矿少。我国大中型汞矿床的汞品位 0.1% ~0.3% 居多，部分介于 0.3% ~0.5%，大于 0.5% ~1% 的品位较少，大于 1% 的品位仅是极个别的矿床。因此，我国汞矿工业指标，最低工业品位定为 0.08% ~0.1%。几个主要汞矿山开采品位一般为 0.15%，最高的也只有 0.5% ~1%，明显地低于国外汞矿床。国外一般都开富汞矿床，如世界著名的超大型汞矿床：西班牙的阿尔马登汞矿床的汞品位 0.6% ~20%，平均 3%，富矿石为 8% ~10%；斯洛文尼亚的伊德里亚汞矿床的汞品位贫矿为 0.2% ~2%，富矿石为 6% ~7%。

（4）矿石工业类虽多，但以单汞型为主。我国汞矿石工业类型有单汞、汞锑、汞金、汞硒、汞铀以及汞多金属等类型，其中以单汞型矿石为主，而且矿石易采易选易炼，工艺流程简单，因此作为主要开采对象，宜在坑口附近建设采—选或采—选—冶联合企业。

钨 矿

钨元素由瑞典化学家舍勒于 1781 年从当时称为重石的矿物（现称白钨矿）中发现的，并以瑞典文 tung（重）和 sten（石头）的复合词 tungsten 命名这种新元素。1783 年，西班牙人德卢亚尔兄弟从黑钨矿中制得氧化钨，并用碳还原为钨粉。

钨呈银白色，是熔点最高的金属，熔点高达 3400℃，居所有金属之首，沸点 5555℃，并具有高硬度、良好的高温强度和导电、传热性能，常温下化学性质稳定，耐腐蚀，不与盐酸或硫酸起作用。

舍 勒

钨在冶金和金属材料领域中属高熔点稀有金属或称难熔稀有金属。钨及其合金是现代工业、国防及高新技术应用中的极为重要的功能材料之一，广泛应用于航天、原子能、船舶、汽车工业、电气工业、电子工业、化学工业等诸多领域。特别是含钨高温合金主要应用于燃气轮机、火箭、导弹及核反应堆的部件，高密度钨基合金则用于反坦克和反潜艇的穿甲弹头。

从 1783 年德卢亚尔兄弟首次用炭从黑钨矿中提取了金属钨至今有 200 余年的钨矿开发、冶炼、加工历史。

中国对世界钨业发展作出了举世瞩目的贡献。我国第一座钨矿于 1907 年发现于江西省大余县西华山，钨矿开采始于 1915～1916 年。此后在南岭地区相继发现不少钨矿区，生产不断扩大，至第一次世界大战末期，钨精矿产量达到万吨，跃居世界钨精矿产量首位，至今仍居世界第一位。

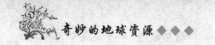

我国钨矿资源丰富。开发钨矿地质调查工作，由翁文灏先生创始于1916年，尔后在河北、江西、广东、广西等省区分别做了一些探测工作。20世纪30~40年代，对赣、湘、粤、桂、滇等省区的一些钨矿床进行了较系统的地质调查，特别是对赣南地区的钨矿，先后有燕春台、查宗禄、周道隆、徐克勤、丁毅、张兆瑾、马振图等地质学家做了颇有成就的地质调查研究。其中，徐克勤、丁毅所著《江西南部钨矿地质志》，对赣南几十年钨矿床分别作了系统的论述，堪称我国第一部钨矿地质专著。这些地质前辈的工作成果，不仅为后来地质勘探工作奠定了基础，而且也为当时开采赣南钨矿提供了重要依据。

1935年，江西省成立了资源委员会钨业管理处，统一价格，收购钨砂。1938年，西华山建立矿场，投资经营东西大巷，进行坑采。抗战胜利后改为资源委员会第一特种矿产管理处西华山工程处。据不完全统计，西华山钨矿至中华人民共和国成立前，共采出钨砂近5万吨。1937年成立大吉山钨矿工程处，收回民窿开凿第九中段，开始国营生产。

在20世纪30~40年代，不仅发现了大量黑钨矿，而且白钨矿也有陆续发现。资源委员会矿产测勘处金耀华、杨博泉于1943年对云南省文山县老君山地区进行矿产地质调查时，首次发现接触交代型白钨矿床（夕卡岩型白钨矿床），并著有《云南文山老君山白钨矿床之成因及其意义》论文。1947年徐克勤又在湖南省宜章瑶岗仙和尚滩发现了白钨矿床，并写专文报道。

中华人民共和国成立后，为振兴钨业，在20世纪50~60年代开展了前所未有的大规模钨矿地质普查和勘探工作。由原重工业部、冶金部、地质部所属地质勘探部门，迅速地对赣、湘、粤以及闽、桂、滇等省区的钨矿开展全面普查勘探工作，在第一个五年计划期间（1953~1957年），为赣南西华山、大吉山、岿美山、盘古山等"四大名山"黑钨矿床作为重点矿山建设项目以及在湘南、粤北、桂东北等地区的钨矿建设矿山，提供了可靠的地质成果，作为采选设计的依据。20世纪60~80年代，为保矿山、保建设和钨业持续发展，继续进行了大量地质勘查工作，在华南和西北甘肃等地又发现并探明了一批大型、超大型钨矿，为中国钨业可持续发展，准备了充足的矿产资源。

在大量地质勘探工作基础上，从 20 世纪 50 ~ 70 年代建成了原中央直属企业的矿山有 20 多座和一大批地方国营的中小型矿山，到 20 世纪 80 年代以来，国营钨矿山形成生产矿石总能力达 870 万吨，年产钨精矿 4 万 ~ 5 万吨。

目前，我国已发现并探明有储量的矿区 252 处，累计探明储量 637.5 万吨。中国钨矿资源丰富，著称世界。中国钨矿不仅储量居世界第一，而且产量和出口量长期以来也居世界第一，因而被称誉为"世界三个第一"。

在全国已探明钨矿储量有 21 个省、自治区、直辖市。其中保有储量在 20 万顿以上的有 8 个省区，依次为湖南 179.89 万吨、江西 110.09 万吨、河南 62.85 万吨、广西 34.92 万吨、福建 30.67 万吨、广东 23.02 万吨、甘肃 22.29 万吨、云南 21.66 万吨，合计 485.39 万吨，占全国钨保有储量的 91.7%。

从全国大行政区分布来看，

一块板状的黑钨矿

依次：中南区占全国钨储量的 58.2%，居首位，其次是华东区占 28%、西北区占 4.3%、西南占 4.1%、东北区占 3.2%、华北区占 2.2%。

在三大经济地区钨矿储量分布的比例：东部沿海地区占 17.1%、中部地区占 75.1%、西部地区占 7.8%。

在众多钨矿产区，江西大庾最为著名。那里有 400 多处星罗棋布的钨矿点。鸦片战争后，德国人曾在那里首先发现了钨，当时只花 500 元钱就秘密地收买了矿权。爱国民众发现后，纷纷起来保矿、护矿。经多方交涉，终

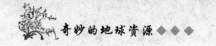

于在 1908 年以 1000 元收回矿权，并集资开采。这便是赣南最早的钨矿开发业。

我国湖南省郴州市柿竹园是个"世界有色金属博物馆"，拥有 140 多种矿物。其中钨矿储量就占了当前世界总储量的 1/4。

钛 矿

1795 年，德国化学家马丁·克拉普罗斯，借用希腊神话中大地女神之子"泰坦"的名字命名钛。由于钛强度大，重量较轻，抗腐蚀，既耐低温又耐高温，因而成了制造火箭、人造卫星、航天飞机、宇宙飞船理想的"空间金属"材料。

虽然，人们在很早的时候就发现了钛这种金属，但是钛真正得到利用，认识其本来的真面目，则是 20 世纪 40 年代以后的事情了。

地理表面十千米厚的地层中，含钛达 0.6%，比铜多 61 倍。随便从地下抓起一把泥土，其中都含有千分之几的钛，世界上储量超过 1000 万吨的钛矿并不希罕。

海滩上有成亿吨的砂石，钛和锆这两种比砂石重的矿物，就混杂在砂石中，经过海水千百万年昼夜不停地淘洗，把比较重的钛铁矿和锆英砂矿冲在一起，在漫长的海岸边，形成了一片一片的钛矿层和锆矿层。这种矿层是一种黑色的砂子，通常有几厘米到几十厘米厚。

1947 年，人们才开始在工厂里冶炼钛。当年，产量只有 2 吨。1955年产量激增到 2 万吨。1972 年，年产量达到了 20 万吨。钛的硬度与钢铁差不多，而它的重量几乎只有同体积的钢铁的一半，钛虽然稍稍比铝重一点，它的硬度却比铝的大 2 倍。现在，在宇宙火箭和导弹中，就大量用钛代替钢铁。据统计，目前世界上每年用于宇宙航行的钛，已达 1000 吨以上。极细的钛粉，还是火箭的好燃料，所以钛被誉为宇宙金属，空间金属。

钛的耐热性很好，熔点高达1725℃。在常温下，钛可以安然无恙地躺在各种强酸强碱的溶液中。就连最凶猛的酸——王水，也不能腐蚀它。钛不怕海水，有人曾把一块钛沉到海底，5年以后取上来一看，上面粘了许多小动物与海底植物，却一点也没有生锈，依旧亮闪闪的。

现在，人们开始用钛来制造潜艇——钛潜艇。由于钛非常结实，能承受很高的压力，这种潜艇可以在深达4500米的深海中航行。

钛耐腐蚀，所以在化学工业上常常要用到它。过去，化学反应器中装热硝酸的部件都用不锈钢。不锈钢也怕那强烈的腐蚀剂——热硝酸，每隔半年，这种部件就要统统换掉。现在，用钛来制造这些部件，虽然成本比不锈钢部件贵一些，但是它可以连续不断地使用5年，算起来反而合算得多。

钛被广泛用于潜艇制造中

钛的最大缺点是难于提炼。主要是因为钛在高温下化合能力极强，可以与氧、碳、氮以及其他许多元素化合。因此，不论在冶炼或者铸造的时候，人们都小心地防止这些元素"侵袭"钛。在冶炼钛的时候，空气与水当然是严格禁止接近的，甚至连冶金上常用的氧化铝坩埚也禁止使用，因为钛会从氧化铝里夺取氧。现在，人们利用镁与四氯化钛在惰性气体——氦气或氩气中相作用，来提炼钛。

人们利用钛在高温下化合能力极强的特点，在炼钢的时候，氮很容易溶解在钢水里，当钢锭冷却的时候，钢锭中就形成气泡，影响钢的质量。所以炼钢工人往钢水里加进金属钛，使它与氮化合，变成炉渣——氮化钛，浮在钢水表面，这样钢锭就比较纯净了。

当超音速飞机飞行时，它的机翼的温度可以达到500℃。如用比较耐热

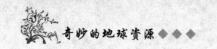
的铝合金制造机翼，但到二三百摄氏度也会吃不消，必须有一种又轻、又韧、又耐高温的材料来代替铝合金，乙钛恰好能够满足这些要求。钛还能经得住 -100℃ 的考验，在这种低温下，钛仍旧有很好的韧性而不发脆。

利用钛和锆对空气的强大吸收力，可以除去空气，造成真空。比方，利用钛制成的真空泵，可以把空气抽到只剩下 10 万亿分之一。

钛的氧化物——二氧化钛，是雪白的粉末，是最好的白色颜料，俗称钛白。以前，人们开采钛矿，主要目的便是为了获得二氧化钛。钛白的黏附力强，不易起化学变化，永远是雪白的。特别可贵的是钛白无毒。它的熔点很高，被用来制造耐火玻璃、釉料、珐琅、陶土、耐高温的实验器皿等。

二氧化钛是世界上最白的东西，1 克二氧化钛可以把 450 多平方厘米的面积涂得雪白。它比常用的白颜料——锌钡白还要白 5 倍，因此是调制白油漆的最好颜料。世界上用作颜料的二氧化钛，一年多到几十万吨。二氧化钛可以加在纸里，使纸变白并且不透明，效果比其他物质大 10 倍，因此，钞票纸和美术品用纸就要加二氧化钛。此外，为了使塑料的颜色变浅，使人造丝光泽柔和，有时也要添加二氧化钛。在橡胶工业上，二氧化钛还被用作白色橡胶的填料。

四氯化钛是种有趣的液体，它有股刺鼻的气味，在湿空气中便会大冒白烟——它水解了，变成白色的二氧化钛的水凝胶。在军事上，人们便利用四氯化钛的这股怪脾气，作为人造烟雾剂。特别是在海洋上，水汽多，一放四氯化钛，浓烟就像一道白色的长城，挡住了敌人的视线。在农业上，人们利用四氟化钛来防霜。

钛酸钡晶体有这样的特性：当它受压力而改变形状的时候，会产生电流，一通电又会改变形状。于是，人们把钛酸钡放在超声波中，它受压便产生电流，由它所产生的电流的大小可以测知超声波的强弱。相反，用高频电流通过它，则可以产生超声波。现在，几乎所有的超声波仪器中，都要用到钛酸钡。除此之外，钛酸钡还有许多用途。例如：铁路工人把它放在铁轨下面，来测量火车通过时候的压力；医生用它制成脉搏记录器。用钛酸钡做的水底探测器，是锐利的水下眼睛，它不只能够看到鱼群，而且还可以看到水底下的暗礁、冰山和敌人的潜水艇等。

冶炼钛时，要经过复杂的步骤。把钛铁矿变成四氯化钛，再放到密封的不锈钢罐中，充以氩气，使它们与金属镁反应，就得到"海绵钛"。这种多孔的"海绵钛"是不能直接使用的，还必须把它们放在电炉中熔化成液体，才能铸成钛锭。但制造这种电炉谈何容易！除了电炉的空气必须抽干净外，更伤脑筋的是，简直找不到盛装液态钛的坩埚，因为一般耐火材料部含有氧化物，而其中的氧就会被液态钛夺走。后来，人们终于发明了一种"水冷铜坩埚"的电炉。这种电炉只有中央一部分区域很热，其余部分都是冷的，钛在电炉中熔化后，流到用水冷却的铜坩埚壁上，马上凝成钛锭。用这种方法已经能够生产几吨重的钛块，但它的成本就可想而知了。

锰结核

大洋底蕴藏着极其丰富的矿藏资源，锰结核就是其中的一种。锰结核是沉淀在大洋底的一种矿石，它表面呈黑色或棕褐色，形状如球状或块状，它含有30多种金属元素，其中最有商业开发价值的是锰、铜、钴、镍等。

锰结核中各种金属成分的含量大致可以分为有经济价值的成分和其他成分。有经济价值的成分有：锰27%～30%、镍1.25%～1.5%、铜 1%～1.4%及钴0.2%～0.25%。其他成分有：铁6%、硅5%及铝3%，亦有少量钙、钠、镁、钾、钛及钡，连带有氢及氧。

锰结核

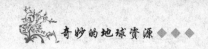

这些锰结核广泛地分布于世界海洋 2000～6000 米水深海底的表层，而以生成于 4000～6000 米水深海底的品质最佳。锰结核总储量估计在 30000 亿吨以上。其中以北太平洋分布面积最广，储量占一半以上，约为 17000 亿吨。锰结核密集的地方，每平方米面积上就有 100 多千克，简直是一个挨一个铺满海底。

仅就太平洋底的储量而论，这种锰结核中含锰 4000 亿吨、镍 164 亿吨、铜 88 亿吨、钴 98 亿吨，其金属资源相当于陆地上总储量的几百倍甚至上千倍。如果按照目前世界金属消耗水平计算，铜可供应 600 年，镍可供应 15000 年，锰可供应 24000 年，钴可满足人类 13 万年的需要，这是一笔多么巨大的财富啊！而且这种结核增长很快，每年以 1000 万吨的速度在不断堆积，因此，锰结核将成为一种人类取之不尽的"自生矿物"。

锰结核是怎样形成的呢？科学家估计，地球已有 50 亿年的历史，在这过程中，它在不断地变动。通过地壳中岩浆和热液的活动，以及地壳表面剥蚀搬运和沉积作用，形成了多种矿床。雨水的冲蚀使地面上溶解一部分矿物质流入了海内。在海水中锰和铁本来是处于饱和状态的，由于这种河流夹带作用，使这两种元素含量不断增加，引起了过饱和沉淀，最初是以胶体钛的含水氧化物沉淀出来。在沉淀过程中，又多方吸附铜、钴等物质并与岩石碎屑、海洋生物遗骨等形成结核体，沉到海底后又随着底流一起滚动，像滚雪球一样，越滚越大，越滚越多，形成了大小不等的锰结核。

锰结核深藏在海底，人类是怎样发现并利用它的呢？1873 年 2 月 18 日，正在做全球海洋考察的英国调查船"挑战者号"，在非洲西北加那利群岛的外洋，从海底采上来一些土豆大小深褐色的物体。经初步化验分析，这种沉甸甸的团块是由锰、铁、镍、铜、钴等多金属的化合物组成的，而其中以氧化锰为最多。剖开来看，发现这种团块是以岩石碎屑，动、植物残骸的细小颗粒，鲨鱼牙齿等为核心，呈同心圆一层一层长成的，像一块切开的葱头。由此，这种团块被命名为"锰结核"。

20世纪初，美国海洋调查船"信天翁号"在太平洋东部的许多地方采到了锰结核，并且得出初步的估计报告说：太平洋底存在锰结核的地方，其面积比美国都大。尽管如此，在那时也没有引起人们多大的重视。

1959年，长期从事锰结核研究的美国科学家约翰·梅罗发表了他的关于锰结核商业性开发可行性的研究报告，引起许多国家政府和冶金企业的重视。此后，对于锰结核资源的调查、勘探大规模展开。开采、冶炼技术的研究、试验也迅速推进。在这方面投资多、成绩显著的国家有美国、英国、法国、德国、日本、俄罗斯、印度及中国等。到20世纪80年代，全世界有100多家从事锰结核勘探开发的公司，并且成立了8个跨国集团公司。

研究试验的锰结核开采方法有许多种。比较成功的方法有链斗法、水力升举法和空气升举法等几种。链斗式采取的掘机械就像旧式农用水车那样，利用绞车带动挂有许多戽斗的绳链不断地把海底锰结核采到工作船上来。

水力升举式海底采矿机械，是通过输矿管道，利用水力把锰结核连泥带水地从海底吸上来。空气升举法同水力升举原理一样，只是直接用高压空气连泥带水地把锰结核吸到采矿工作船上来。

20世纪80年代，美国、日本、德国等国矿产企业组成的跨国公司，使用这些机械，取得日产锰结核300~500吨的开采成绩。在冶炼技术方面，美、法、德等国也都建成了日处理锰结核80吨以上的试验工厂。总之，锰结核的开采、冶炼，在技术上已不成问题，一旦经济上有利，便可形成新的产业，进入规模生产。

我国从20世纪70年代中期开始进行大洋锰结核调查。1978年，"向阳红"05号海洋调查船在太平洋4000米水深海底首次捞获锰结核。此后，从事大洋锰结核勘探的中国海洋调查船还有"向阳红"16号、"向阳红"09号、"海洋"04号、"大洋"1号等。经多年调查勘探，在夏威夷西南，北纬7度~13度，西经138度~157度的太平洋中部海区，探明了一块可采储量为20亿吨的富矿区。1991年3月，"联合国海底管理局"正式批准"中

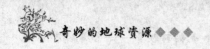

国大洋矿产资源研究开发
协会"的申请，从而使中
国得到 15 万平方千米的大
洋锰结核矿产资源开发区。
依据 1982 年《联合国海洋
法公约》，中国继印度、法
国、日本、俄罗斯之后，
成为第五个注册登记的大
洋锰结核采矿"先驱投资
者"。

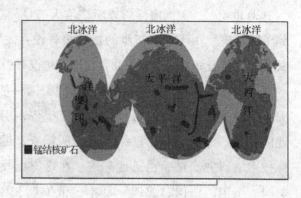

全球大洋锰结核分布

大洋锰结核开发领先世界的美国、德国、英国为什么没有登记为
"先驱投资者"呢？1982 年《联合国海洋法公约》第十一部分规定：公
海大洋矿物资源的一切权利属于全人类，由联合国海底管理局代表行使
这些权利。上述国家从本国利益出发，对公约的这一部分持保留态度，
所以，它们不申请、不登记。经多年协商，1994 年终于达成了"关于
执行《公约》第十一部分的协定"，对它们的利益作了适当照顾，问题
总算得到解决。

美丽与财富——璀璨宝石

金 刚 石

金刚石俗称"金刚钻"，也就是我们常说的钻石，它是一种由纯碳组成的矿物。金刚石是自然界中最坚硬的物质，因此也就具有了许多重要的工业用途，如精细研磨材料、高硬切割工具、各类钻头、拉丝模。金刚石还被作为很多精密仪器的部件。

金刚石有各种颜色，从无色到黑色都有。它们可以是透明的，也可以是半透明或不透明。多数金刚石大多带些黄色。金刚石的折射率非常高，色散性能也很强，这就是金刚石为什么会反射出五彩缤纷闪光的原因。金刚石在 X 线照射下会发出蓝绿色荧光。

虽然现在大多数人都知道金刚石的珍贵，但是直到 19 世纪中叶，人们还把金刚石视为一种神奇的石头。在已知的全部大约 4200 种矿物中，金刚石为什么会最坚硬？金刚石是在何地、如何产生出来的？所有这些，当时的人们还都全然不知。

人类同金刚石打交道有悠久的历史。早在公元 1 世纪，当时罗马的文献中就有了关于金刚石的记载。那时，罗马人还没有把金刚石当作装饰用的宝石，只是利用它们无比的硬度，当作雕琢工具使用。

后来，随着技术的进步，金刚石才被当作宝石用于饰品，而且价格越来越昂贵。到了 15 世纪，在欧洲的一些城市，如巴黎、伦敦和安特卫普等，已经能够看到一些匠人利用金刚石的粉末来研磨大块金刚石，对金刚石进行加工。

金刚石作为宝石越来越昂贵，然而，对金刚石的科学研究却相对比较迟缓。一个重要原因就是，长期以来始终未能发现储藏有金刚石的"矿山"，已经发现的金刚石全都是在印度和巴西等地的河沙及碎石中靠运气采集到的，数量极少，十分稀罕。特别是高品质的金刚石，极其昂贵，只有王公贵族才享用得起。对如此昂贵的金刚石进行研究，在那样的情况下，几乎是不可能的。

进入 19 世纪，情况才有了变化。1866 年，住在南非一家农场的一名叫伊拉兹马斯·雅可比的少年在奥兰治河滩上玩耍，无意中捡到一块重达 21.25 克拉的金刚石原石。那粒金刚石立即被英国的殖民总督送到巴黎的万国博览会上展览，并取名为"尤瑞卡"（希腊语，意思是"我找到了"）。

金刚石原石

听到在南非发现金刚石的消息，一时间有成千上万的探矿者赶到奥兰治河，形成了一股寻找金刚石的狂潮。其中有一对姓伯纳特的兄弟，不久就非常幸运地在金伯利附近发现了一座金刚石矿。

伯纳特兄弟于 1870 年发现了金伯利金刚石矿。正是这一发现，使人们知道了在哪种岩石中有可能含有金刚石。

原来，那是一种在远古时代的岩浆冷却以后所形成的火山岩。接着，研究者又发现，在这种火山岩中除了金刚石，还含有被称为石榴石和橄榄石的两种矿物。因此，在那些出产石榴石和橄榄石的地点，找到金刚石矿的可能性就比较大。于是，石榴石和橄榄石就成为寻找金刚石的"指示矿物"。

目前，在世界各地都发现了金刚石矿。其中，澳大利亚、刚果、俄罗斯、博茨瓦纳和南非是著名的五大金刚石产地。

我国也有原生金刚石矿。重为158.786克拉的常林钻石就是1977年12月21日在山东临沭县境内发现的。据1987年资料，中国主要金刚石成矿区有：辽东—吉南成矿区，有中生代和中古生代两期金伯利岩。

鲁西、苏北、皖北成矿区，下古生代可能有多期金伯利岩。晋、豫、冀成矿区，已在太行山、嵩山、五台山等地发现金伯利岩。湘、黔、鄂、川成矿区，已在湖南沅水流域发现了四个具工业价值的金刚石砂矿。

湖南金刚石，产于湖南省常德丁家港、桃源、溆浦等地。湖南金刚石以砂矿为主，主要分布在沅水流域，分布零散，品位低，但质量好，宝石级金刚石约占40%。相传在明朝年间，湖南沅江流域就有零星的金刚石发现，大规模的寻矿则始于20世纪50年代。沅江整个水域均有金刚石分布，但有开采价值的仅常德丁家港、桃源县车溪冲、溆浦县（黔阳）新庄垅、沅陵县窑头等4处。

绝大多数的宝石级金刚石都很小。1克拉以上的就算大钻石；超过100克拉的极其稀少，人们视若珍宝。到目前为止，世界上所发现的重量超过324克拉的天然金刚石只有35颗。所以，金刚石的价格比黄金还要贵。在国际市场上，1克拉金刚石的价格，相当于两吨大米的价格。金刚石的导热能力比铜高，是电子技术和激光技术中的优良散热材料。由于它的硬度高，所以常被用作地质钻探的钻头和切削金属的工具，既锋利又不发热。现在，人们已经能用人工合成金刚石了。

金刚石的结晶体的角度是54度44分8秒。习惯上人们常将加工过的称为钻石，而未加工过的称为金刚石。在我国，金刚石之名最早见于佛家经书中。钻石是自然界中最硬物质，最佳颜色为无色，但也有特殊色，如蓝色、紫色、金黄色等。这些颜色的钻石稀有，是钻石中的珍品。印度是历

非洲之星

史上最著名的金刚石出产国，现在世界上许多著名的钻石如"光明之山""摄政王""奥尔洛夫"均出自印度。经过琢磨后的钻石一般有圆形、长方形、方形、椭圆形、心形、梨形、榄尖形等。世界上最重的钻石是1905年产于南非的"库里南"，重3106.3克拉，已被分磨成9粒小钻，其中一粒被称为"非洲之星"的库里南1号的钻石重量仍占世界名钻首位。

那么，如此贵重的金刚石是如何形成的呢？美国马萨诸塞大学的地球物理学家史蒂文·哈格蒂博士在1999年研究了世界各地含有金刚石的熔岩的年代，结果发现，这些含有金刚石的熔岩至少是在过去7个不同的时期在各地喷出的岩浆所形成的，其中最古老的熔岩则是在大约10亿年前形成的。在这7个岩浆喷发时期中，以在非洲各地和巴西等地区于1.2亿年前至8000万年前喷出的岩浆中所含有的金刚石为最多。那时正值恐龙时代极盛期的中生代白垩纪。含有金刚石的熔岩，最晚的是在2200万年以前喷出的岩浆形成的。至于在那以后形成的熔岩中是否含有金刚石，则还无法肯定。

红宝石和蓝宝石

红宝石和蓝宝石是同一种矿物，名字叫刚玉。它们都由三氧化二铝组成，都是粒状或腰鼓状晶体，硬度也相同，仅次于金刚石；而且在岩石中常伴生在一起，就像一对孪生姐妹。只是红宝石因含微量铬而呈艳红色；蓝宝石含微量钛而透体娇蓝，还有一些蓝宝石因含铁等微量元素而呈现黄、橙、绿、紫、粉红等色。

红宝石产出稀少，晶粒细小。单个晶粒平均重量大都小于 1 克拉（0.2克），超过 2 克拉的很少，大于 5 克拉的甚为稀罕。最名贵的要数"鸽血红"红宝石，它比金刚石还贵重。世界上唯一特大型红宝石发现于缅甸，重 3450 克拉；最大的鸽血红红宝石重仅 55 克拉。

传说戴红宝石的人会健康长寿、聪明智慧、爱情美满，而且，左手戴上红宝石戒指或者左侧戴一枚红宝石胸饰，就会有一种逢凶化吉、变敌为友的魔力。昔日缅甸武士自愿在身上割一小口，将一粒红宝石嵌入，认为这样就可达到刀枪不入的目的。

正因为宝石级的大颗粒红宝石非常罕见，所以小说家们竭尽丰富的想象和奇异的幻想来描绘红宝石。马可波罗曾于 13 世纪写道：僧伽罗君主拥有一枚 10 厘米长、一手指那么厚的一颗红宝石。元朝皇帝忽必烈想拿一个城池来换这颗红宝石，竟被这位僧伽罗君主拒绝了。僧伽罗君主说："即使把全世界的财富都放在我的脚下，我也不愿同这颗红宝石分手。"事实上，至今没有哪一个宝石专家见到过如此巨大的红宝石，如果真有的话，也可能是红色尖晶石或红色碧玺，绝非红宝石。

古时在印度和缅甸，人们曾认为美丽的红宝石本是一种特殊的白色石子，随着时间的推移，它们会吸收日月之精华，最终点燃了蕴藏在内部的烈火，从而变成了红彤彤的宝石，如果时间不够，被人们提前挖出来，它们就不会具有鲜艳的颜色，而是呈暗淡的或微红的颜色。

直到今天，人们仍然把红宝石看作宝石中的珍品，把它当作七月生辰石，骄阳似火的七月，灿烂的阳光与红宝石夺目的红色光芒相互辉映，令人朝气蓬勃，奋发向上。所以人们又把红宝石比作热烈的爱情，将其作为结婚40周年的纪念石。

蓝宝石

除红色以外，任何颜色的宝石级刚玉都叫蓝宝石。蓝宝石中，要数蔚蓝色的最佳。蓝宝石晶体通常重几克拉至几十克拉，但100克拉以上的优质蓝宝石则比较罕见，超过1千克拉的是珍品了。世界上最大的蓝宝石晶体发现于斯里兰卡砂矿中，重达19千克。另一颗世界驰名的蓝宝石重330克拉，它被誉为"亚洲之星"，经琢磨后会闪六射星光。

蓝宝石一词来自拉丁语，意思是"对土星的珍爱"。据说蓝宝石能保护国王和君主免受伤害和妒忌，是最适用于做教士环冠的宝石。基督教徒常常把基督教的十诫刻在蓝宝石上，作为镇教之宝。波斯人认为，大地是由一个巨大的蓝宝石来支撑的，是蓝宝石的反光将天穹映成为蔚蓝色的。

据传说蓝宝石还可以除去眼中污物和异物，1391年伦敦圣保罗大教堂收到的礼物中有一颗蓝宝石，捐赠人要求把这颗蓝宝石陈列在神殿上，用来治疗眼疾，并且公布治疗效果。

直到现在，蓝宝石依然被看作是诚实和德高望重的象征，是传统的9月份生辰石。结婚45周年称为蓝宝石婚，清朝三品官的顶戴标志也是蓝宝石。

红宝石和蓝宝石中的珍品是星光宝石。在被誉为"宝石之岛"的斯里兰卡流传着关于星光宝石的故事：很久很久以前，有一个名叫班达的青年，他勇敢而仗义，为了百姓的安宁，在一次与魔王的搏斗中，他把自己变成了一枝巨大的飞箭，深深地刺入魔王的咽喉，凶恶的魔王在临死之前拼命挣扎，以致把天撞碎了一角，使天上的许多星星纷纷坠落，其中一些沾染魔王的鲜血的星星便变成了星光红宝石，没有染血的星星则成了星光蓝宝石。

其实，红宝石和蓝宝石因为产地不同才显现出不同的特点。目前，世界上出产红宝石、蓝宝石的国家有：缅甸、斯里兰卡、泰国、越南、柬埔寨、中国等。

缅甸红宝石具有鲜艳的玫瑰红色—红色。其颜色的最高品级称为"鸽血红"，即红色纯正，且饱和度很高。日光下显荧光效应，其各个刻面均呈鲜红色，熠熠生辉。常含丰富的细小金红石针雾，形成星光。颜色分布不均匀。高质量的缅甸蓝宝石具有非常纯正的蓝色（带紫的内反射色），当然也有浅蓝—深蓝的品种。

泰国红宝石含铁高，颜色较深，透明度较低，多呈暗红色—棕红色。日光下不具荧光效应，只是在光线直射的刻面较鲜艳，其他刻面则发黑。颜色比较均匀。缺失金红石状包裹体，所以没星光红宝石品种。泰国蓝宝石颜色较深、透明度较低，浅蓝色的内反射色，常发育完好的六边形色带，但尖竹纹地区的红宝石、蓝宝石质量较佳。

斯里兰卡红宝石以透明度高、颜色柔和而闻名于世。而且颗粒较大，其颜色多彩多姿，几乎包括从浅红—大红各种过渡色。另外，其色带发育，金红石针细、长而且分布均匀。斯里兰卡蓝宝石同红宝石一样，具有很高的透明度，其颜色也很丰富，除蓝色外，还有黄色，绿色等多种颜色，具翠蓝色内反射色。

中国的红宝石发现于云南、安徽、青海等地。其中云南红宝石稍好。蓝宝石则发现于海南蓬莱镇、山东潍坊地区、青海西部、江苏六合等地。山东蓝宝石以粒度大、晶体完整而著称。最大达155克拉，但颜色过深、透明度较低。与蓝宝石相比，黄色蓝宝石大多透明度较好。

祖母绿

古希腊人称祖母绿是"发光"的"宝石"。祖母绿是波斯文的音译，它

▲

的矿物名称叫绿柱石，是铍和铝的硅酸盐矿物，属于绿柱石家族中最"高贵"的一员。属六方晶系，晶体单形为六方柱、六方双锥，多呈长方柱状。集合体呈粒状、块状等。翠绿色，玻璃光泽，透明至半透明。

祖母绿是最珍贵的宝石之一，其绿色纯正，浓艳而美丽，是绿色宝石之王。祖母绿品种很多，最著名的有鹦鹉绿，也有艳丽如孔雀羽色之颜，故谓之"绿宝石"。祖母绿是绿中之冠，其绿是由于含微量的铬元素引起的，绿色晶莹艳美，硬度很高，折光率强，透明度好。

据考证，祖母绿是经由丝绸之路传来我国的，时间可追溯到中国与波

祖母绿

斯间贸易交往的汉朝。祖母绿是最值钱的宝石之一，它一直跻身于少数珍贵宝石之列。

世界上祖母绿宝石的产量非常有限。哥伦比亚是世界上祖母绿的主要产地，约占世界产量的90%。我国新疆出产无色绿宝石，最重的达4万克拉。从外面可以看到宝石"肚子"里晃动的液体。这类稀世珍宝称为水胆绿宝石。有的国家把祖母绿当成国家货币基金的宝石。

祖母绿品质鉴定的要素首先是颜色，绿色要正，浓艳青翠悦目，质地透明，杂质要少，要干净。通常，祖母绿的质地有"羽翼纹"，就像苍蝇翅膀纹一样，呈透明的冰裂纹状态。祖母绿虽然硬度高，但脆性，结构呈片状，撞击易剥离。祖母绿也有新坑老坑之分。老坑透水性强，硬度较高，新坑的材料透水性不足，硬度较低。祖母绿好坏影响价值，老坑透明度好，颜色浓艳，质地干净无杂质，无片裂者为上品，价值可与贵重的钻石相比；反之则价值较低。

基本上，祖母绿的品质和产地关系很大。前文中已经提到，哥伦比亚是祖母绿的主产地。哥伦比亚不但是产祖母绿最多的地方，也是品质最好

的地方之一。哥伦比亚矿位于安第斯山脉东侧，其中，木佐矿和契沃尔矿是最著名的矿区。

契沃尔矿祖母绿产自热液矿脉中，常呈矿囊状产出。晶体蓝绿色，通常显示六方柱及小的六方锥，但晶体常受后期地质作用而破碎，并由于风化作用而脱离母岩散布在矿囊中。

木佐矿祖母绿赋存在方解石—白云石脉中，呈简单的六方柱状，颜色为微蓝的翠绿色，带有柔和的外观，相对密度较契沃尔祖母绿的高，为2.71，折射率1.584～1.578，双折射率0.006，内含三相包裹体，包裹体外形常呈分叉状或锯齿状，包裹中的固态子晶常带尾状。

巴西祖母绿主要产于云母片岩中。祖母绿的相对密度为2.69，折射率为1.57～1.566，双折射率为0.005。有些巴西祖母绿为浅微黄绿色，给人以绿色绿柱石的印象，由于可见铬的吸收谱线，故仍定名为祖母绿。巴西祖母绿可见二相包裹体、管状包裹体及不规则的空洞，含云母、方解石、白云石、黄铁矿和铬铁矿等矿物包裹体。

俄罗斯祖母绿产在乌拉尔山脉的滑石绿泥石云母片岩中。晶体裂隙发育，颜色为带微黄的绿色，小粒颜色优美。相对密度为2.74，折射率为1.588～1.581，双折射率为0.007。

中国的祖母绿主要产于云南麻力坡，颜色浅绿色或微带黄的绿色，裂隙发育，内部常含气液二相包体，管状包体和色带。相对密度为2.71，折射率1.588～1.582，双折射率0.006，紫外光下惰性，滤色镜下微红或无反应。云南祖母绿主要由钒致色，铬微量。

祖母绿在古今中外都是非常珍贵的宝石。罗马学者普林尼曾给予祖母绿如此虔诚的赞赏："确实，没有任何一种宝石具有更赏心悦目的颜色，对眼睛来说是那么感到舒服，特别是，每当目不转睛地停留在嫩嫩的草坪和树叶的时候，但这与祖母绿的色泽来说，祖母绿更加令人感到快慰。可以说，没有任何绿是那么浓。除了各种鹭的宝石外，它是唯一能使人百看不厌的宝石。不论是阴是晴，或是人工光的效果不使它呈现何种变化，它总是发出又柔和又浓艳的光芒。"

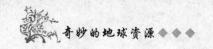

正因为祖母绿非常值钱，所以祖母绿有很多仿品。较初级的是绿色玻璃仿品，这很容易鉴定，最重要的区别是，玻璃有气泡，祖母绿没有。还有在密度、折光率、硬度上都体现了不同。玻璃密度小于宝石；宝石有双折射，玻璃没有；玻璃硬度低于宝石，有些棱角边都会露出破绽。

较高级的仿品是用绿碧玺冒充祖母绿，绿碧玺也有宝石光，但其晶体是多层柱体状，晶面带有纵条纹，晶体内部具有一些针状的毛细管，这和羽翼纹结构的祖母绿有着本质区分。另外，绿碧玺的颜色呈暗绿色至黄绿色，不是绿中带黄，就是绿中泛蓝。还有一个区别，祖母绿颗粒大的不多，而绿碧玺相对而言，外形大，块面厚。

但是，由于祖母绿的价值实在太诱人了，所以很多人甚至不惜代价地来仿制它。由于仿制技术太高了，而且自然界中还存在着许多天然的绿宝石，它们和祖母绿看起来没有什么区别。所以不得不借助专业设备才能鉴别它们。为了识别祖母绿，要借助于一种切尔西滤色镜，又名"祖母绿滤色镜"，它是一片特制的次绿色玻璃，能吸收黄绿色光，透射深红色光和少量的深绿色光。用肉眼观看宝石祖母绿时，它显现出极其美丽的黄绿色。如果用切尔西滤色镜观看祖母绿，它就会变成红色。而其他大多数绿色宝石，用切尔西滤色镜观看时仍为深浅不等的绿色。因此，用切尔西滤色镜就不难区分祖母绿和其他绿色宝石。

天然祖母绿与其他绿色宝石的区别，还可以采用重液法。因为与祖母绿相似的绿色宝石，其密度都比祖母绿大。我们只需准备一些三溴甲烷重液，即可对它们进行区分。将祖母绿投入三溴甲烷重液后会上浮，而其他绿色宝石投入后都会下沉。此法用于分选大量真假混杂的宝石颗粒尤为有效。

下面几种鉴别祖母绿真假的方法也是非常简单而有效的。用碗盛满清水，把宝石放入碗中，能使整个碗出现隐隐绿色的，是真祖母绿宝石。或者把要鉴真的宝石放入铜盆中，四周用纸围好，用火点燃白纸，若能使火变成绿色的，是真祖母绿宝石。或者准备红火炭一盆，把要鉴真之宝石放入火炭中，炭飘香气而即刻熄灭的，是真祖母绿宝石。

水　晶

　　水晶像纯净的水一样透亮明洁。我国古代有"水精""水玉""千年冰"和"火齐"等名称。神话故事里把龙王在海底居住的宫殿称为"水晶宫"。文人墨客常把它比作贞洁少女的泪珠，夏夜天穹的繁星，圣人智慧的结晶，大地万物的精华等。

　　我国古代人民还给珍奇的水晶赋予许多美丽的神话事故，把象征、希望和一个个不解之谜寄托于它。

　　水晶产于岩洞中，是无色透明的石英柱状晶体，样子像玻璃而比玻璃硬，化学成分为二氧化硅。理想的晶体形态是六方柱或六方双锥。

　　水晶晶体是在岩石空洞中生长起来的，它在成长过程中一定要有足够的空间，同时必须以洞壁为依托，因此我们所见到的天然水晶晶体往往是上半截发育得很完美，而下半截的晶体不完整。常见的水晶，有形似狗牙的小粒，有状如手指的长条晶体。由几个到数十个小水晶密集生长在一起的叫"晶簇"。大的水晶可长到几米。1958 年，江苏省东海县曾找到一个长1.8 米、直径 1.2 米、重 3.5 吨的"中国水晶王"，现存北京地质博物馆内。巴西的意达波尔一块水晶长 5.5 米，直径 2.5 米，重 40 多吨。马达加斯加岛还发现一块周长达 8 米的巨型水晶晶体。

　　1880 年，法国化学家皮尔·居里和兄弟雅克·居里，把水晶切成薄片，放在两块金属板之间作加压和拉伸试验时，发现水晶片的两个表面会产生正电和负电。他俩把这种现象称为"压电现象"。它成了单晶水晶在无线电工业中实际应用的基础。由单晶硅片制成的谐振器、滤波器广泛应用于电子工业、自动武器、导弹核武器、人造卫星等尖端工业。

　　水晶按特性和用途分为压电水晶、光学水晶、工艺水晶和熔炼水晶。光学水晶用于各类高精度的仪器和眼镜片。工艺水晶做玲珑剔透的工艺品，别具一格。有人误以为水晶棺材是巨大水晶晶体加工而成的，实际上是用熔炼水晶铸造的。用水晶雕琢的工艺品中，最著名的是水晶球。由于水晶传热很快，因此摸着它时总感到是冰凉的。古代一些贵族官僚家里，夏天就摆着纤尘不染的水晶球，有解暑消热、镇定抑躁的作用。

水晶常因含有铁、锰、钛、碳等不同杂质而有许多变种：紫晶、金黄水晶、蔷薇水晶（又名芙蓉石）、烟晶、茶晶和墨晶等。巴西以盛产水晶著名。中国的水晶产地较多，海南省的羊角岭和江苏省东海县是水晶的重要产地。贵州探明的光学水晶储量居全国第一。

由于水晶也是极其宝贵的宝石之一，所以近年来也有很多不法商贩以赝品充当天然水晶坑害消费者。那么，如何鉴别天然水晶和赝品呢？

水晶是有成色等级之分，影响水

水晶项链

晶价位的因素很多，所以大家要多听多看多比较才能真正辨别出来。一般的标准是水晶石越大越好，越透越好，颜色越娇嫩越好，形状越典型越好。不过最重要还是自己喜欢，而选购时辨识真伪的方法大致有下列几种：

眼看：天然水晶在形成过程中，往往受环境影响总含有一些杂质，对着太阳观察时，可以看到淡淡的均匀细小的横纹或柳絮状物质。而假水晶多采用残次的水晶渣、玻璃渣熔炼，经过磨光加工、着色仿造而成，没有均匀的条纹、柳絮状物质。

舌舔：即使在炎热夏季的三伏天，用舌头舔天然水晶表面，也有冷而凉爽的感觉。假的水晶，则无凉爽的感觉。

光照：天然水晶竖放在太阳光下，无论从哪个角度看它，都能放出美丽的光彩。假水晶则不能。

硬度：天然水晶硬度大，用碎石在饰品上轻轻划一下，不会留痕迹；

若留有条痕，则是假水晶。

用偏光镜检查：在偏光镜下转动360度有四明四暗变化的是天然水晶，没有变化的是假水晶。

用二色检查：天然紫水晶有二色性，假水晶没有二色性。

用放大镜检查：用10倍放大镜在透射光下检查，能找到气泡的基本上可以定为假水晶。

用头发丝检查：仅限于正圆形水晶球。将水晶球放在一根头发丝上，人眼透过水晶能看到头发丝双影的，则为水晶球。主要是因为水晶具有双折射性。但是这样无法把天然晶，养晶和熔炼晶区分开来。只能区分玻璃等其他物质。

用热导仪检测：将热导仪调节到绿色4格测试宝石，天然水晶能上升至黄色2格，而假水晶不上升，当面积大时上升至黄色一格。

玛　瑙

人们认识和利用玛瑙的历史比较悠久。传说爱和美的女神阿佛洛狄忒，躺在树荫下熟睡时，她的儿子爱神厄洛斯，偷偷地把她闪闪发光的指甲剪下来，并欢天喜地拿着指甲飞上了天空。飞到空中的厄洛斯，一不小心把指甲弄掉了，而掉落到地上的指甲变成了石头，就是玛瑙。因此有人认为拥有玛瑙，可以强化爱情，调整自己与爱人之间的感情。在日本的神话中，玉祖栉明玉命献给天照大神的，就是一块月牙形的绿玛瑙，这也是日本三种神器之一。

我国古代文献《太平广记》中亦有"玛瑙，鬼血所化也"的记载。这些传说和记载给玛瑙增添了几分奇诡之色。

实际上，玛瑙的名字来自印度。据说由于玛瑙的原石外形和马脑相似，因此，印度人称它为"玛瑙"。不论在旧约圣经或佛教的经典，都有玛瑙的事迹记载。在东方，它是七宝、七珍之一。玛瑙可分为玉髓和玛瑙。原石

爱和美的女神阿佛洛狄忒

颜色不复杂的称为"玉髓"，出现直线平行条纹的原石则称为"条纹玛瑙"。根据原石的颜色，又可以将其分为红玛瑙、蓝玛瑙、紫玛瑙、绿玛瑙、黑玛瑙和白玛瑙等。

红玛瑙就是红色的玛瑙，即古代的赤玉。红玛瑙中有东红玛瑙和西红玛瑙之分。前者是指天然含铁的玛瑙经加热处理后形成的红玛瑙，又称"烧红玛瑙"，其中包括鲜红色，橙红色。东红玛瑙一名，因早年这种玛瑙来自日本，故而得名。后者是指天然的红色玛瑙，其中有暗红色者，也有艳红色者，中国古代出土的玛瑙均属西红玛瑙，这种玛瑙多来自西方，故而得名。

蓝玛瑙指蓝色或蓝白色相间的玛瑙。这是一种颜色十分美丽的玛瑙，块度大者是玉雕的好料。优质者颜色深蓝。次者颜色浅淡。蓝白相间者也十分美丽，当有细纹带构造时，则属于缠丝玛瑙中的品种。目前中国市场上产的蓝玛瑙制品，多半由人工染色而成，其色浓均，易与天然者区分。

紫色玛瑙多呈单一的紫色，优质者颜色如同紫晶，而且光亮。次者色淡，或不够光亮，俗称"闷"。紫玛瑙在自然界不多见，亦有染色的。

其实，在自然界中并不存在绿玛瑙。目前，中国珠宝市场上的绿玛瑙几乎都是人工着色而成，其色浓绿，有的色似翡翠，但有经验者很易同翡翠区别。绿玛瑙颜色"单薄"，质地无翠性，性脆；翡翠颜色"浑厚"质地有翠性，韧性大。

黑玛瑙在自然界比较少见，目前，中国珠宝市场上的黑玛瑙都是人工着色而成，其色浓黑，易与其他黑色玉石相混。以其硬度大于黑曜岩等区别。

白玛瑙是以白色调为主或五色的玛瑙。其中，东北辽宁省产出的一种所谓白玛瑙，其实有的属于白玉髓，多用于制作珠子，然后进行人工着色，可以着色成蓝，绿，黑等色。这种白色玛瑙，大块者也用来作玉器原料，同时在局部染成俏色加以利用。然而，自然界也产出一些白色玛瑙，由于颜色不正，特别那些灰白色者，一般不受人欢迎，但也可以用来制成一些价格便宜的低档的旅游产品或旅游纪念品。

其实，玛瑙颜色丰富，种类繁多，不过，红色是玛瑙中的主要颜色。因为天然红色的玛瑙较少，且又色层不深，故玛瑙中的红色多为烧红玛瑙。其红色有正红、紫红、深红、褐红、酱红、黄红等。此外，色红艳如锦的称锦红玛瑙，红白相参的称锦花玛瑙或红花玛瑙。作玉雕制品的，以块大为上；作首饰嵌石的，以色美为佳。

那么，玛瑙是如何形成的呢？玛瑙的历史十分遥远，大约在1亿年以前，地下岩浆由于地壳的变动而大量喷出，熔岩冷却时，蒸汽和其他气体形成气泡。气泡在岩石冻结时被封起来而形成许多洞孔。很久以后，洞孔浸入含有二氧化硅的溶液凝结成硅胶。含铁岩石

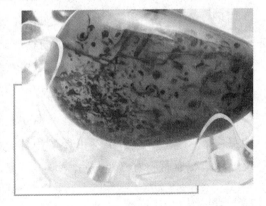

玛　瑙

的可熔成分进入硅胶，最后二氧化硅结晶为玛瑙。在矿物学中，它属于玉髓类，是具有不同颜色且呈环带状分布的石髓。通常是由二氧化硅的胶体沿岩石的空洞或空隙的周壁向中心逐渐充填、形成同心层状或平行层状块体。一般为半透明到不透明，硬度 6.5～7 度，密度 2.55～2.91，折光率 1.535～1.539。在地质历史的各个地层中，无论是火成岩还是沉积岩都能形成玛瑙。所以，玛瑙很多，成色差异也很大。

玛瑙不但是名贵的装饰品，也可用于制造耐磨器皿和罗盘等精密仪器，还是治疗眼睛红肿、糜烂及障翳的良药。世界上玛瑙著名产地有：印度、巴西、美国、埃及、澳大利亚、墨西哥等国。墨西哥、美国和纳米比亚还产有花边状纹带的玛瑙，称为"花边玛瑙"。美国黄石公园、怀俄明州及蒙大拿州还产有"风景玛瑙"。我国玛瑙产地分布也很广泛，几乎各省都有，著名产地有：云南、黑龙江、辽宁、河北、新疆、宁夏、内蒙古等。

黑龙江省的逊克县是中国的"玛瑙之乡"。新疆产的玛瑙品种很多。近年，湖北省神龙架地区发现了大型玛瑙矿床。1987 年，在荒无人烟的内蒙古北部沙漠中发现了一个面积为 6 平方千米的干涸湖泊，平坦的湖底铺满五彩缤纷的玛瑙和碧玉，称为"玛瑙湖"。

地处辽西的阜新是中国主要的玛瑙产地、加工地、玛瑙制品集散地，玛瑙资源储量丰富，占全国储量的 50% 以上，且质地优良。阜新盛产玛瑙，不仅色泽丰富，纹理瑰丽，品种齐全，而且还产珍贵的水胆玛瑙。阜新县老河土乡甄家窝卜村的红玛瑙和梅力板村前山的绿玛瑙极为珍贵。阜新玛瑙加工业尤为发达，其作品连续几年获得全国宝玉石器界"天工奖"。

古今文人称颂不休的雨花石，实际上是玛瑙质砾石。南京雨花台一带的雨花石来源于长江两岸产玛瑙的山体，经风化崩落、流水冲刷和砂石间反复翻滚摩擦而成为可爱的浑圆状卵石。

玉 石

玉，历来是中华民族美德的象征。世人爱玉之风莫如中国。中国自古以"玉石之国"著称于世。传说在远古时代，帝王分封诸侯的时候就以玉作为他们享有权力的标志。以后许多帝王的"传国玺"也都是用玉雕刻制作的。商朝就已经使用墨玉牙璋来传达国王的命令，在有文字记载的周朝已开始用玉做工具。春秋战国时期，赵国的国王得到一块非常珍贵的玉石"和氏璧"，秦王知道后，许诺以十五座城池来交换，可见当时宝玉的价值。

那么，古人为什么把玉看得那么珍贵呢？首先，玉的模样好看，色彩丰富。古书《说文》记载，所谓玉，就是"石之美者"。玉的颜色有草绿、葱绿、墨绿、灰白、乳白色，色调深沉柔和，形成一种特有的温润光滑的色彩。中国人喜欢一种半透明的白色，以至黄白色的"羊脂玉"——和田玉，还有白色中杂有绿色的条带的玉——"雪里苔藓玉"。

其次，古代人迷信，认为玉有防妖避邪的作用，所以很喜欢用玉做杯、碗、碟等祭祀用具和玉镯、玉簪、指环、烟嘴等装饰品。

用玉雕刻的工艺品

第三，玉的韧性强，受得住铁锤击打，这一特性连金刚石也无法与之相比。利用玉的色彩和这一优点可以雕成形态各异的动物、花草、楼阁、宝塔等精致的工艺品和装饰品。

1935年，一次大地震袭击了南加利福尼亚，桑塔巴巴拉的一个小工艺品店里收藏的中国工艺品都掉到地上。但令店主欣慰的是，最值钱的玉制品虽然放在架子的最上层，但一件也没有损坏。很显然，玉非常坚韧。

清末慈禧太后贪婪玉石一生。据说，有一名进贡者奉献一枚大金刚石头饰，她没有接受，反而欢迎送给她的小而精美的"帝目"绿玉制品。她有一只宝贵的戒指，形状像一只小黄瓜，是用高品质的玉雕刻成的。她手腕上戴玉手镯，几个手指上戴有上等的碧玉指环和三寸长的玉制指甲套，吃饭喝水用精雕细刻的玉盘、玉筷和玉茶碗。她死后殉葬品有大量的玉制珍品。

真正的玉只有两种——软玉和硬玉。软玉是以透闪石为主的矿物集合体，主要成分是钙、镁、铝、铁的硅酸盐。由于这些矿物呈微细的纤维状或交织成毡状，因而质地细腻，坚韧而不易压碎，抗压强度超过钢铁，化学性质稳定。经过琢磨后，它呈现灿烂的蜡状光泽，给人以透亮晶莹的温润感，是理想的玉雕工艺原料。还有一些物理性质类似软玉的矿物，如鲍文玉（蛇纹石）和河南独山玉（钠长石、黝帘石）等，在工艺质料上也通称为软玉。

软玉的产地几乎遍及全世界，主要有中国、俄罗斯、新西兰、美国等。我国新疆境内的昆仑山盛产白玉、青玉、黄玉、墨玉和碧玉，简称"昆玉"。北京故宫博物院里5吨多重的《大禹治水图》，就是用昆玉雕成的。

珍藏在故宫里的大禹治水图

南疆的和田美玉，色如凝脂，洁白无瑕，特称"羊脂白玉"，最为名贵。自古以来，百斤以上的白玉就是稀世珍宝。每年夏天，冰雪消融，山洪暴发，昆仑山上风化的玉石随洪水而下进入河床。八月中秋，洪水退去，河水澄清，凡水中所映月光特别明亮处必能捞到玉石。

1980年，在玉龙喀什河上游发现一块重达472千克的白玉。辽宁省岫岩县的岫玉和陕西省的蓝田玉均属鲍文玉。岫岩县有一巨型单块玉石重达26万多千克，15个人手拉手才能合抱，堪称世界"玉石之王"。

另一种玉是硬玉，我国称为"翡翠"，是钠和铝的硅酸盐矿物密集体，由无数微小纤维状晶体交织而成。硬度超过玻璃的而与水晶的差不多。化学性质也很稳定。硬玉有多种颜色，但主要是白色。它主要产于缅甸克钦邦密支那西南的孟拱一带，因此称为"缅玉"。硬玉是在1万个大气压（1个大气压＝101.325千帕）和200～300℃的条件下，由贫二氧化硅的起基性岩浆分化而成。翡翠以绿得像雨后阳光映照下冬青树叶的深绿色为最佳，透明度愈高愈好。色鲜美而光泽喜人，质坚韧而不脆不裂，为许多别的玉类宝石所不及，在国际市场上很受欢迎。质优者价极昂贵。

和水晶、玛瑙一样，玉石因为价格昂贵，所以很多人就以次充好，以假充真来欺骗消费者。那么，如何才能鉴别玉石的真假呢？

玉石的品质一般是从质地、硬度、透明度、密度和颜色五个方面来判断的。玉石的质地是指玉石的细密温泽程度。玉与石的区别之一就是玉入手细腻，温润坚结，半透明状，光泽如脂肪；而石则粗糙干涩，缺乏光泽，也多不透明。硬度是指玉石抗外来作用力（如压、刻、磨）的能力。硬度越高，加工难度越大，玉石的品质也越好。玉石硬度指标虽可通过仪器检测其内部晶体结构得知，但操作上一般多采用刻画硬度法。我国常见玉石的硬度介于4～6度之间，高于铜的硬度而低于玻璃的硬度。也就是说，玉石均能在铜上刻画出痕迹，也能被玻璃刻画出痕迹。

除了刻划硬度之外，还有一种硬度标准叫抗压硬度，或者压入硬度，即绝对硬度，它指的是抗外界打击力的能力，在玉石行业中也叫韧性。自然界中抗压硬度最高的是黑金刚，标记为10度；其次就是和田玉，抗压硬

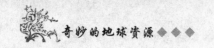

度为 9 度；翡翠、红宝石、蓝宝石为 8 度；钻石、水晶、海蓝宝石为 7～7.5 等等。用另一种方法表示，和田玉的抗压硬度为 1000，翡翠则为 500，岫玉为 250，而玛瑙仅为 5。和田玉具有如此高的韧性，是由于其晶体分布有如毛毯一样编织而成，分子间的作用力十分巨大。

玉的硬度是鉴定玉石的重要依据之一，而玉石的光泽同样是鉴定玉石真伪、档次高低的基本标准。

一般来说，玉石的光泽在光亮度上可简单分类为"灿光""灼光""闪光"和"弱光"几种。灿光是最强的光亮度，人必须把眼睛眯起来，例如，磨好的钻石全反射面就具有这样的光亮度；灼光的光亮度也很高，耀眼的光辉，硬度高的宝石抛光之后一般具有灼光亮度；闪光是一般玻璃光亮程度，分为强闪光与弱闪光，硬度高的玉石一般是强闪光，硬度低的玉石为弱闪光；而硬度低的石料面抛光之后，则具有弱光的光亮强度。

猫眼石

猫眼石，即"猫儿眼"，又称东方猫眼，是珠宝中稀有而名贵的品种。由于猫眼石表现出的光现象与猫的眼睛一样，灵活明亮，能够随着光线的强弱而变化，因此而得名。这种光学效应，称为"猫眼效应"。

严格说来，"猫眼"并不是宝石的名称，而是某些宝石上呈现的一种光学现象。即磨成半球形的宝石用强光照射时，表面会出现一条细窄明亮的反光，叫做"猫眼闪光"或"猫眼活光"，然后根据宝石是什么来命名，如果宝石是石英，则叫"石英猫眼"，如果是金绿宝石，则叫"金绿猫眼"。可能具有猫眼闪光的宝石种类很多，据统计可能多达 30 种，市场上较常见的除"石英猫眼"和"金绿猫眼"外，还有"辉石猫眼""海蓝宝石猫眼"等。由于金绿猫眼最为著名也最珍贵，习惯上它也被简称为"猫眼"，其他猫眼则不可这样称呼。

猫眼石在矿物学中是金绿宝石中的一种，属金绿宝石族矿物。金绿宝

天然猫眼石

石是含铍铝氧化物，属斜方晶系。晶体形态常呈短柱状或板状。猫眼石有各种各样的颜色，如蜜黄、褐黄、酒黄、棕黄、黄绿、黄褐、灰绿色等，其中以蜜黄色最为名贵。透明至半透明。玻璃至油脂光泽。折光率1.746～1.755，双折射率0.008～0.010。二色性明显，色散0.015，非均质体。硬度8.5，密度3.71～3.75克/立方厘米。

在东南亚一带，猫眼石常被认为是好运气的象征，人们相信它会保护主人健康长寿，免于贫困，有益生殖系统与相关器官的健康；促进再生能力和血液循环，有养颜美容返老还童的功效。能改善皮肤的毛病，防止伤口恶化。增加人思考时的灵感，避邪化煞，成为不受外力侵犯的护身石。又象征勇气和力量，在东方常被当作避邪的护身符，也可使人们勇于挥别过去的恋情。

猫眼石常被人们称为"高贵的宝石"。它和变石一起属于世界五大珍贵高档宝石之一。英国的宝石收藏家霍普珍藏着一块著名的猫眼石，这块宝

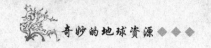

石被雕成象征祭坛的形状，顶上有一火把，整个宝石呈球形，直径约为 2.54～3.81 厘米。猫眼石主要产于气成热液型矿床和伟晶岩岩脉中。世界上最著名的猫眼石产地为斯里兰卡西南部的特拉纳布拉和高尔等地，巴西和俄罗斯等国也发现有猫眼石，但是非常稀少。

人们最先是在砂矿中发现金绿宝石的，目前开采猫眼地方多是在坡积地河床中。原生金绿宝石的形成与上侵花岗岩熔融体的含铍挥发组分同富含铬组分的超基性岩相互作用有关。为此，原生金绿宝石多产在穿插于超基性岩的含祖母绿云英岩中，地质学者称之为气成热液矿床，同许多祖母绿的形成一样，所有金绿宝石和祖母绿往往生长在一起。原生金绿宝石形成后，遭受风化剥蚀便成为砂矿，在一定有利位置富集成矿。著名的斯里兰卡猫眼和变石就是产自砂矿之中。原生金绿宝石还产自伟晶岩脉中，金绿宝石是熔融挥发组分作用的结果。由于一些可熔矿物的结晶，导致伟晶岩脉的形成。沿着围岩的裂缝和断层形成岩脉，金绿宝石在其中形成孤立的晶体，在伟晶岩脉中与金绿宝石共生的矿物还有绿柱石（包括祖母绿）、碧玺和磷灰石。伟晶岩脉围岩多是古老变质岩（片麻岩），有可能是金绿宝石的源岩。

斯里兰卡是著名的金绿宝石产地，也是唯一生产变石和金绿猫眼的国家。该国金绿宝石矿床位于康提城东南 60 千米，已有 2000 多年的开采历史，是个大型的综合砂矿。含宝石的高原群由麻粒岩相变质岩组成，矿化面积约 2000 平方千米。与金绿宝石共生的宝石有蓝宝石、红宝石、锆石、尖晶石等。这些宝石均产于河谷冲积物之中，含矿冲积层一般厚 1.5～15 米，有时厚达 30 米。斯里兰卡产的猫眼质量最佳，以蜜黄色，光带呈三条线者为特优珍品。该的猫眼为世人珍爱，且非常出名。这种猫眼有一种奇异的现象，当把猫眼放在两个聚光灯束下。随着宝石转动，猫眼会出现张开闭合的情况。

猫眼产生的原因，是在于金绿宝石矿物内部存在着大量的细小、密集、平行排列的丝状金红石矿物包体，金红石的折射率为 2.60～2.90，由于金绿宝石与金红石在折射率上的较大差异，使入射光线经金红石包体中反射出来，集中成一条光线而形成猫眼，当金绿宝石越不透明，金红石丝状包体越密集，则猫眼效应越明显。当用一个聚光手电照射猫眼宝石时，在某个角度，猫眼向光的一半呈现黄色，而另一半则呈现乳白色。如果用两个聚光手电从两个方向照射猫眼，并同时以丝状包体方向为轴线来回转动宝石，可见猫眼线一会儿张开，一会儿闭合的现象。

猫眼宝石质量的好坏主要由颜色、眼线、重量等决定。

颜色：猫眼的颜色有多种，以带其他色调的黄为主，最好的颜色为蜜黄色，其他依次为黄绿色、褐绿色等。

眼线：眼线要求平直、均匀，连续而不断线，清晰而不混浊，明亮而不灰暗。

重量：对宝石来说，重量越大，其价值则呈几何倍数增加，对猫眼来说，也不例外，市场上的猫眼已经很少，而直径大于 5 厘米的则更少见。

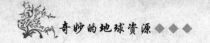

大地母亲——其他宝藏

土 壤

土壤是岩石圈表面的疏松表层，是陆生植物生活的基质和陆生动物生活的基底。土壤不仅为植物提供必需的营养和水分，而且也是土壤动物赖以生存的栖息场所。土壤的形成从开始就与生物的活动密不可分，所以土壤中总是含有多种多样的生物，如细菌、真菌、放线菌、藻类、原生动物、轮虫、线虫、蚯蚓、软体动物和各种节肢动物等，少数高等动物终生都生活在土壤中。据统计，在一小勺土壤里就含有亿万个细菌，25克森林腐殖土中所包含的霉菌如果一个一个排列起来，其长度可达11千米。可见，土壤是生物和非生物环境的一个极为复杂的复合体，土壤的概念总是包括生活在土壤里的大量生物，生物的活动促进了土壤的形成，而众多类型的生物又生活在土壤之中。

土壤不但和动植物有着非常重要的关系，人类的生存也时时刻刻不能离开土壤。土壤为我们提供了立足之所，为我们提供了生存所需的一切食物……

但是，我们对土壤的认识有多少呢？土壤是由固体、液体和气体三类物质组成的。固体物质包括土壤矿物质、有机质和微生物等。液体物质主

风化作用

要指土壤水分。气体是存在于土壤孔隙中的空气。土壤中这三类物质构成了一个矛盾的统一体。它们互相联系，互相制约，为作物提供必需的生活条件。

土壤是如何形成的呢？形成土壤的因素有很多，科学家经过研究，将其归纳为以下几类：

（1）土壤形成的母质因素：风化作用使岩石破碎，理化性质改变，形成结构疏松的风化壳，其上部可称为土壤母质。如果风化壳保留在原地，形成残积物，便称为残积母质；如果在重力、流水、风力、冰川等作用下风化物质被迁移形成崩积物、冲积物、海积物、湖积物、冰碛物和风积物等，则称为运积母质。成土母质是土壤形成的物质基础和植物矿质养分元素（氮除外）的最初来源。母质代表土壤的初始状态，它在气候与生物的作用下，经过上千年的时间，才逐渐转变成可生长植物的土壤。母质对土壤的物理性状和化学组成均产生重要的作用，这种作用在土壤形成的初期阶段最为显著。随着成土过程进行得愈久，母质与土壤间性质的差别也愈大，尽管如此，土壤中总会保存有母质的某些特征。

（2）土壤形成的气候因素：气候对于土壤形成的影响，表现为直接影响和间接影响两个方面。直接影响指通过土壤与大气之间经常进行的水分和热量交换，对土壤水、热状况和土壤中物理、化学过程的性质与强度的影响。通常温度每增加10℃，化学反应速度平均增加1~2倍；温度从0℃增加到50℃，化合物的解离度增加7倍。在寒冷的气候条件下，一年中土壤冻结达几个月之久，微生物分解作用非常缓慢，使有机质积累起来；而在常年温暖湿润的气候条件下，微生物活动旺盛，全年都能分解有机质，使有机质含量趋于减少。

气候还可以通过影响岩石风化过程以及植被类型等间接地影响土壤的形成和发育。一个显著的例子是，从干燥的荒漠地带或低温的苔原地带到高温多雨的热带雨林地带，随着温度、降水、蒸发以及不同植被生产力的变化，有机残体归还逐渐增多，化学与生物风化逐渐增强，风化壳逐渐加厚。

（3）土壤形成的生物因素：生物是土壤有机物质的来源和土壤形成过程中最活跃的因素。土壤的本质特征——肥力的产生与生物的作用是密切相关的。

岩石表面在适宜的日照和湿度条件下滋生出苔藓类生物，它们依靠雨水中溶解的微量岩石矿物质得以生长，同时产生大量分泌物对岩石进行化学、生物风化；随着苔藓类的大量繁殖，生物与岩石之间的相互作用日益加强，岩石表面慢慢地形成了土壤；此后，一些高等植物在年幼的土壤上逐渐发展起来，形成土体的明显分化。

在生物因素中，植物起着最为重要的作用。绿色植物有选择地吸收母质、水体和大气中的养分元素，并通过光合作用制造有机质，然后以枯枝落叶和残体的形式将有机养分归还给地表。不同植被类型的养分归还量与归还形式的差异是导致土壤有机质含量高低的根本原因。

（4）土壤形成的地形因素：地形对土壤形成的影响主要是通过引起物质、能量的再分配而间接地作用于土壤的。在山区，由于温度、降水和湿度随着地势升高的垂直变化，形成不同的气候和植被带，导致土壤的组成成分和理化性质均发生显著的垂直地带分化。对美国西南部山区土壤特性的考察发现，土壤有机质含量、总孔隙度和持水量均随海拔高度的升高而增加，而 pH 值随海拔高度的升高而降低。此外，坡度和坡向也可改变水、热条件和植被状况，从而影响土壤的发育。在陡峭的山坡上，由于重力作用和地表径流的侵蚀力往往加速疏松地表物质的迁移，所以很难发育成深厚的土壤；而在平坦的地形部位，地表疏松物质的侵蚀速率较慢，使成土母质得以在较稳定的气候、生物条件下逐渐发育成深厚的土壤。阳坡由于接受太阳辐射能多于阴坡，温度状况比阴坡好，但水分状况比阴坡差，植被的覆盖度一般是阳坡低于阴坡，从而导致土壤中物理、化学和生物过程的差异。

（5）土壤形成的时间因素：在上述各种成土因素中，母质和地形是比较稳定的影响因素，气候和生物则是比较活跃的影响因素，它们在土壤形成中的作用随着时间的演变而不断变化。因此，土壤是一个经历着不断变化的自然实体，并且它的形成过程是相当缓慢的。在酷热、严寒、干旱和洪涝等极端环境中，以及坚硬岩石上形成的残积母质上，可能需要数千年的时间才能形成土壤发生层，例如，在沙丘土中，特别是在林下，典型灰壤的发育需要 1000～1500 年。但在变化比较缓和的环境条件中，以及利于成土过程进行的疏松成土母质上，土壤剖面的发育要快得多。

土壤发育时间的长短称为土壤年龄。从土壤开始形成时起直到目前为止的年数称为绝对年龄。例如，北半球现存的土壤大多是在第四纪冰川退却后形成和发育的。高纬地区冰碛物上的土壤绝对年龄一般不超过 1 万年，低纬度未受冰川作用地区的土壤绝对年龄可能达到数十万年至百万年，其起源可追溯到第三纪。

（6）土壤形成的人类因素：在五大自然成土因素之外，人类生产活动对土壤形成的影响亦不容忽视，主要表现在通过改变成土因素作用于土壤的形成与演化。其中以改变地表生物状况的影响最为突出，典型例子是农业生产活动，它以稻、麦、玉米、大豆等一年生草本农作物代替天然植被，这种人工栽培的植物群落结构单一，必须在大量额外的物质、能量输入和

农业生产改变了成土因素

人类精心的护理下才能获得高产。因此，人类通过耕耘改变土壤的结构、保水性、通气性；通过灌溉改变土壤的水分、温度状况；通过农作物的收获将本应归还土壤的部分有机质剥夺，改变土壤的养分循环状况；再通过施用化肥和有机肥补充养分的损失，从而改变土壤的营养元素组成、数量和微生物活动等。最终将自然土壤改造成为各种耕作土壤。人类活动对土壤的积极影响是培育出一些肥沃、高产的耕作土壤，如，水稻土等；同时，由于违反自然成土过程的规律，人类活动也造成了土壤退化如肥力下降、水土流失、盐渍化、沼泽化、荒漠化和土壤污染等消极影响。

石　棉

你知道石头能织布吗？石棉布就是用石棉这种石头织成的。它不怕火烧，也不怕酸碱的腐蚀，还能隔音、绝缘。

相传，东汉顺帝梁皇后之兄、大将军梁冀得到了一件"仙衣"。一次，他穿上这件"仙衣"大宴宾客，故意碰翻了酒盏碗碟，"仙衣"上沾满了斑斑油迹。正当客人们为此宝物惋惜时，梁冀叫家人拿出一盆熊熊烈火，说是以火洗衣。在客人们疑惑的目光下，这件"仙衣"上的油迹被大火烧得干干净净，衣服完整如新。这就是我国历史上轰动一时的稀世之宝——"火浣布"。其实，这并不是什么"仙衣"，而是用石棉布织成的衣服。

石棉又称"石绵"，为商业性术语，指具有高抗张强度、高挠性、耐化学和热侵蚀、电绝缘和具有可纺性的硅酸盐类矿物产品。它是天然的纤维状的硅酸盐类矿物质的总称。石棉由纤维束组成，而纤维束又由很长很细的能相互分离的纤维组成。石棉具有高度耐火性、电绝缘性和绝热性，是重要的防火、绝缘和保温材料。

石棉种类很多，依其矿物成分和化学组成不同，可分为蛇纹石石棉和角闪石石棉两类。蛇纹石石棉又称温石棉，它是石棉中产量最多的一种，具有较好的可纺性能。角闪石石棉又可分为蓝石棉、透闪石石棉、阳起石石棉等，产量比蛇纹石石棉少。

蛇纹石石棉也称纤维蛇纹石石棉，或温石棉，主要成分有二氧化硅、氧化镁和结晶水。蛇纹石石棉呈白色或灰色，半透明；没有磁性、不导电、耐火、耐碱，纤维坚韧柔软，具有丝的光泽和好的可纺性。目前世界所产石棉主要是蛇纹石石棉，约占世界石棉产量的95%。

角闪石类石棉包括青石棉、铁石棉、直闪石石棉、透闪石石棉和阳起石。角闪石类石棉各品种由于含有钠、钙、镁和铁成分

石　棉

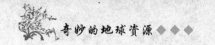

的数量不同而相区分。须注意，蛇纹石和角闪石矿物本身可有纤维结构或非纤维结构两种，有纤维结构的蛇纹石和角闪石才称为石棉。

人类对石棉的使用已被证明上溯到古埃及，当时，石棉被用来制作法老们的裹尸布。在芬兰，石棉纤维还在旧石器时代的陶器作坊被发现了。希腊历史学家赫罗多托斯曾谈到用来装盛被焚烧尸体骨架的耐火容器。

中国周代已能用石棉纤维制做织物，因沾污后经火烧即洁白如新，故有火浣布或火烷布之称。《列子》中就有记载："火浣之布，浣之必投于火，布则火色垢则布色。出火而振之，皓然疑乎雪。"这也是马可波罗曾说过的一种"矿物物质"，被鞑靼人用来制作防火服。

在法国，拿破仑皇帝曾对石棉很感兴趣，并鼓励在意大利进行实验。最古老的石棉矿是在克里特岛、塞浦路斯、希腊、印度和埃及发现的。在18世纪，欧洲共记载了20个石棉矿，最大的是位于德国的赖兴斯坦。在美洲大陆，宾夕法尼亚州开采石棉始于17世纪末期。

1900年前后，全世界开采的石棉数量大约是每年30万吨。石棉采矿自工业时代开始一直不断发展，1975年约500万吨的石棉被开采出来，此后，吸入石棉粉尘带来的健康风险被广为传播开来，使用石棉的数量逐步下降，到1998年降至300万吨上下。

2003年世界生产石棉总量约为206万吨，比2002年减少7万吨。俄罗斯产量占世界第一位，其次是中国、哈萨克斯坦、加拿大、巴西和津巴布韦。上述国家总产量占世界总产量的95%。

虽然2003年石棉产量减幅不大，但石棉生产前景不是很光明，有些国家已经采取立法行动，全面或部分禁止石棉使用。如乌拉圭已通过立法禁止生产和进口石棉制品，新西兰亦已禁止进口石棉原矿。中国也于2002年7月宣布，禁止角闪石类石棉的生产、进口和使用。

不过，目前石棉仍被一些国家和地区的人们广泛地应用于生产和生活中。大体上说，石棉的应用可以按行业分为纺织、建筑和工业。

纤维长度较长、含水量较多的石棉纤维经机械处理后，可直接在纺织机械上加工，制成纯石棉制品。或在石棉纤维中混入一部分棉纤维或其他有机纤维，制成混纺石棉制品。由于大多石棉纤维的长度较短，比较脆硬，容易折断，用机械加工容易污染空气。为了改进纺纱工艺和防止污染，近年来采用湿法纺纱，首先制成石棉薄膜带，经加拈制成纱线，然后再加工成为各种石棉制品。石棉纱线经制绳机械加工可制成各种绳索。也可织成石棉布

石棉瓦

缝制石棉服、石棉靴、石棉手套等劳动保护用品。

石棉水泥制品，常见的如石棉水泥管，石棉水泥瓦和石棉水泥板和各种石棉复合板等。这类制品的石棉用量占石棉总消耗量的75%以上，随着涂料工业的发展，各种彩色石棉瓦、彩色石棉板等将为建筑行业提供更优质的材料。石棉板用于建筑物的隔热、隔音墙板等。生产石棉水泥制品一般选用硬结构的针状棉，级别要求不甚高，4～5级棉即可满足使用要求。

石棉水泥制品所用石棉主要为温石棉，有时也掺加适量青石棉和铁石棉，所用水泥主要是硅酸盐水泥，若用磨细石英砂代替40%左右的硅酸盐水泥时，则制品需经蒸压养护。

石棉水泥制品具有较高的抗弯和抗拉强度，可制成薄壁制品；还具有耐蚀、不透水、抗冻性与耐热性好以及易于机械加工等许多优点。其主要缺点是抗冲击强度较低。

另外，石棉在工业中还可以制成石棉保温隔热制品、石棉橡胶制品、石棉制动制品、石棉电工材料等。

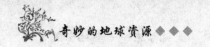

萤 石

古代印度人发现，有个小山岗上的眼镜蛇特别多。它们老是在一块大石头周围转悠。奇异的自然现象引起了人们探索奥秘的兴趣。原来，每当夜幕降临，这里的大石头会闪烁微蓝色的亮光。许多具有趋光性的昆虫便纷纷到亮石头上空飞舞，青蛙跳出来竞相捕食昆虫，躲在不远处的眼镜蛇也纷纷赶来捕食青蛙。于是，人们把这种石头叫作"蛇眼石"。后来随着科学的发展，人们才知道蛇眼石就是萤石。

萤石，又称氟石，是工业上氟元素的主要来源，是世界上20多种重要的非金属矿物原料之一。它广泛应用于冶金、炼铝、玻璃、陶瓷、水泥、化学工业。纯净无色透明的萤石可作为光学材料，色泽艳丽的萤石亦可作为宝玉石和工艺美术雕刻原料。萤石又是氟化学工业的基本原料，其产品广泛用于航天、航空、制冷、医药、农药、防腐、灭火、电子、电力、机械和原子能等领域。随着科技和国民经济的不断发展，萤石已成为现代工业中重要的矿物原料，许多发达国家把它作为一种重要的战略物资进行储备。

氟是自然界广泛存在的元素，它的化合物有萤石、氟磷灰石、冰晶石、氟镁石、氟化钠、氟碳铈矿等150多种，其中最重要的矿物就是萤石。

萤石矿物中常混入氯、稀土、铀、铁、铅、锌、沥青等。萤石矿物属等轴晶系，晶形多呈立方体，少数为菱形十二面体及八面体。多形成穿插双晶。集合体为致密块状，偶成土状块体。硬度为4，性脆、解理完全，比重为3.18，熔点1360℃。萤石一般不

萤 石

溶于水，与盐酸、硝酸作用微弱，在热的浓硫酸中可完全溶解而生成氟化氢气体和硫酸钙。结晶的萤石有多种颜色，在 X 线、热紫外线和压力的作用下色泽会发生变化，有些萤石在紫外线或阴级射线作用下会发出萤蓝色或紫罗蓝色光，有些在受热和阳光或紫外线照射下发磷光，还有些会发出摩擦萤光。结晶状态完好的萤石还具有很低的折射率和低的色散率，同时也是异向同性的物质，具有不寻常的紫外线透过能力。

人类利用萤石已有悠久的历史。1529 年，德国矿物学家阿格里科拉在他的著作中最早提到了萤石，1556 年，他在研究萤石的过程中，发现了萤石是低熔点的矿物，在钢铁冶炼中加入一定量的萤石，不仅可以提高炉温，除去硫、磷等有害杂质，而且还能同炉渣形成共熔体混合物，增强活动性、流动性，使渣和金属分离。1670 年，德国玻璃工人契瓦哈特偶然将萤石与硫酸混在一起，发生化学反应，产生了一种具有刺激性气味的烟雾，从而引起人们对萤石化学特性的重视。1771 年，瑞典化学家杜勒将萤石和硫酸作用制成了由氢元素和一个不知名元素化合而成的酸，同时还发现这种酸能蚀

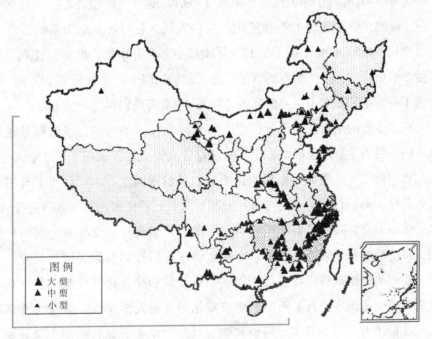

中国萤石矿分布

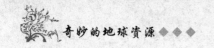

刻玻璃。1813年，法国物理学家安培把这种不知名的元素定名为氟元素，取其第一个字母"F"为元素符号，列入元素周期表第二周期第七族，属于卤族元素。1886年，法国化学家莫桑首次从萤石中分离出气态的氟元素，揭示出萤石是由钙元素和氟元素化合组成的矿物，定名为氟化钙。后来化学家们又研制了氟化铝、冰晶石等助熔剂，为炼铝工业开辟了新的时代。

萤石的开采大约是1775年始于英国，到1800～1840年间美国的许多地方也相继开采，但大量开采仍是在发展和推广平炉炼钢以后。

我国是萤石资源丰富，开发利用历史悠久的国家。1917年，首先在浙江新昌和武义一带由当地农民进行少量开采，其后开采范围不断扩大，至1930年，浙江省就有21个县开采萤石，年产量达1.2万吨，其次在辽宁、内蒙古、河北等省区也有少量开采。在此其间均是民采小矿，没有正规的萤石矿山。1938年，浙江被日军占领，到1945年被日军掠夺的浙江萤石超过30万吨。与此同时，内蒙古的喀喇泌旗大西沟萤石矿也开始开采，采出矿石达10多万吨。中华人民共和国成立以后，随着经济建设，特别是钢铁工业、炼铝工业、建材工业和氟化工业的发展，各行各业对萤石的需求大幅度增长。1950年4月16日，建立了浙江省氟矿办事处，恢复浙江武义地区萤石矿山生产。生产萤石的省区，由之前的三四个，发展到如今近30个，建设了一大批萤石矿山，并已形成300万～400万吨的年生产能力。

现在萤石的用途已经十分广泛，随着科学技术的进步，应用前景越来越广阔。目前主要用于冶金、化工和建材三大行业，其次用于轻工、光学、雕刻和国防工业。因此，根据用途要求，目前我国萤石矿产品主要有四大系列品种，即萤石块矿、萤（氟）石精矿、萤石粉矿和光学、雕刻萤石。

萤石具有能降低难熔物质的熔点，促进炉渣流动，使渣和金属很好分离，在冶炼过程中脱硫、脱磷，增强金属的可煅性和抗张强度等特点。因此，它作为助熔剂被广泛应用于钢铁冶炼及铁合金生产、化铁工艺和有色金属冶炼。冶炼用萤石矿石一般要求氟化钙含量大于65%，并对主要杂质二氧化硅也有一定的要求，对硫和磷有严格的限制。硫和磷的含量分别不得高于0.3%和0.08%。

萤石另一重要用途是生产氢氟酸。氢氟酸是通过酸级萤石（氟石精矿）同硫酸在加热炉或罐中反应而产生出来的，分无水氢氟酸和有水氢氟酸，它们都是一种无色液体，易挥发，有强烈的刺激气味和强烈的腐蚀性。氢氟酸是生产各种有机和无机氟化物和氟元素的关键原料。在制铝工业中，氢氟酸用来生产氟化铝、人造冰晶石、氟化钠和氟化镁。在航空、航天工业中，氢氟酸主要用来生产喷气机液体推进剂，导弹喷气燃料推进剂。在医药方面，氟有机化合物还可以制造含氟抗癌药物，含氟可的松，含氟碳人造血液等。

另外，萤石也广泛应用于玻璃、陶瓷、水泥等建材工业和首饰加工行业中，其用量在我国占第二位。

石 盐

最早使用和制盐的是中国人，在古代称自然盐为"卤"，把经人力加工过的盐，才称之为"盐"。中国最早发现并利用的自然盐有池盐。其产地在晋、陕、甘等广大西北地区，最著名的是山西运城的盐池。

另一种自然盐是岩盐，因产于"盐山"故称岩盐。岩盐就是石盐，它的产地在今天甘肃环县南曲子附近和甘肃泉市。所谓"盐山"实际是指大粒矿盐。岩盐是氯化钠的矿物，通常又叫做盐或石盐。因为盐是动物生活中的生理必需品，所以它是早期人类第一批寻找和交换的矿物之一。

石盐的化学成分为氯化钠，晶体都属等轴晶系的卤化物。单晶体呈立方体，在立方体晶面上常有阶梯状凹陷，集合体常呈粒状或块状。纯净的石盐无色透明或白色，含杂质时则可染成灰、黄、红、黑等色。新鲜面呈玻璃光泽，潮解后表面呈油脂光泽。具完全的立方体解理。硬度2.5，密度2.17，易溶于水，味咸。晶形呈立方体，在立方体晶面上常有阶梯状凹陷。

石盐主要产于海成及陆成的盐矿中。在几万年以前，这些地方大多是海洋。后来因气候干燥、高温，使海水蒸发结晶成盐，再经过海陆变迁，

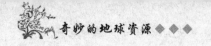

使海盆地变成了陆地，海盆地中的盐聚集在一起便形成了盐矿。

石盐和湖盐里含有镁、锂、硼、溴、碘、钾、石膏、芒硝、天然碱和天青石等宝贵资源可供提炼利用，因而是重要化工原料。在制碱、造纸、制炸药、纺织、印染、冶金、陶瓷、玻璃、电气等工业中都需用氯化钠。

食盐也是人们生活必需

石　盐

品之一。世代沿用盐来腌菜腌肉而不腐，这个千古之谜近年已揭开：盐水中钠离子和氯离子所带的微电荷将产生干扰，使肉类和细菌间的静电吸引发生短路，从而使细菌无法黏附或生存于肉食表面。盐还能使细菌脱水并破坏细菌从肉食中获取养分的能力，从而杀死细菌。

石盐在世界各地都有丰富的储量。我国四川省的自贡一向以"盐都"闻名，那里有厚达40米左右的石盐。近年来，我国又相继发现了许多大型盐矿。四川攀西地区的盐源县的盐层厚达1000多米；号称"川东门户"的万县，蕴藏着1500亿吨岩盐；江苏淮安县境内石盐的储量为2500亿吨，超过自贡的10倍；湖北省潜江县境内石盐储量达5600亿～7900亿吨，为自贡的二三十倍。

波兰的维利奇卡盐矿120米深的部位已采完，建成了地下盐晶宫和盐矿博物馆。四周岩壁上雕刻了立体的动物和人像，在灯光照耀下，辉煌瑰丽，使人感到置身于"水晶宫"中一般，每年有70万旅游者前往探奇。这里还特设盐井医院，使病人呼吸含盐空气，可以治疗哮喘病和肺病，疗效以儿童患者最好。更有趣的是，那里的大块结晶的石盐中还包裹着海洋植物和珊瑚。这就证明了这一带原来是一片古海域。

美国德克萨斯州的卡尔盐矿，既是产石盐的矿井，其空间又用作地下仓库。这个矿已开采了近60年。离地面200米深处，废弃了的坑道两侧，有1.5万个房间，内藏珍贵物品和文件资料。

全世界的人每年要吃掉约3500万吨食盐。那么，食盐是否会被消耗光呢？不会的。因为除岩盐外，还有海盐、池盐、湖盐、井盐等。海洋中溶解有2000立方千米食盐，如果用来修筑一堵宽1千米、高280米的墙，可以沿着赤道环绕地球一周！

我国青海省的柴达木盆地有24个盐湖，湖中食盐储量500多亿吨，可供全世界人类食用1000多年。青藏公路有32千米穿越察尔汗盐湖，从路基到路面全用盐铺成，被称为"万丈盐桥"。

万丈盐桥

"万丈盐桥"的诞生实属偶然。50多年前，柴达木盆地还是一片荒原，但它被阿尔金山、祁连山、昆仑山等著名山脉环抱着，在大片大片的戈壁、瀚海、盐渍土下面，有丰富的石油、天然气、钾盐等矿藏。这片区域分布着20多个大小不等的盐湖，由于盐湖地区土壤含盐量高，植物、动物均不能生存，因而被称为"生命禁区"。

1954年，"筑路将军"慕生忠率领筑路大军修建青藏公路。当时，他考虑到从甘肃的峡东火车站南下格尔木运油至西藏，比经兰州、西宁近1000多千米，于是决定勘察和试修敦煌至格尔木的公路。但是，这条公路要经过察尔汗湖，怎么办呢？慕生忠经过多次实地考察，决定在湖上修建一条"盐桥"。在彭德怀的支持下，慕生忠和他的筑路大军历尽千辛万苦，终于在察尔汗湖上修起了这条长达32千米的"盐桥"。

万丈盐桥，实际上是一条修筑在盐湖之上的用盐铺成的宽阔大道。

它既无桥墩，又无栏杆，整个路面平整光滑，坦荡如砥，看上去，几乎同城市里的柏油马路无两样。有趣的是，万丈盐桥由于路面过于光滑，汽车开得太快，就会打滑翻车，所以，桥头的木牌上限定最高时速不得超过 80 千米/小时。盐桥的养护方法十分奇特。平时，一旦路面出现坑凹，养路工人从附近的盐盖上砸一些盐粒，然后到路边挖好的盐水坑里滔一勺浓浓的卤水，往上一浇，盐粒很快融化，并凝结在路面上，坑凹处便完好如初。

如今，"万丈盐桥"上依然有 10 多吨重的大卡车飞驰而过，10 多节车厢的火车来回奔驰，它已经成为世界交通史上的一个伟大奇迹了。

石　膏

石膏用途非常广泛。做豆腐要用石膏；著名中药"白虎汤"里，石膏是主药，治疗急性高热、口渴烦躁有很好的疗效；牙科医生用石膏做牙床模型；外科医生给骨折病人正位固定也用石膏；在建筑业中，人们做纸面石膏板、纤维石膏板凳也要用到石膏……

石膏是什么呢？其实，石膏是一种非金属矿物，主要成分是含水的硫酸钙。它们大都是白色的半透明晶体。用手指甲能刻动，所以又称"软石膏"。失去结晶水的叫硬石膏；呈纤维状的称纤维石膏，具有明显的丝绢光泽；晶体无色透明状如玻璃的称为透石膏；还有雪花石膏、土状石膏等。

用石膏塑造的狮子

　　石膏既然是一种非金属矿产，它自然是从石膏矿中开采出来的。石膏矿在世界上分布广泛，遍布于五大洲60多个国家和地区，资源丰富，储量巨大，但缺乏较准确的统计数据。中国石膏矿资源非常丰富，分布广泛，已发现矿产地600多处，储量居世界第一位。

　　储量最多的为山东省，保有石膏矿石储量375亿吨，占全国石膏矿石总保有储量65%；其次为内蒙古、青海、湖南、湖北、宁夏、西藏、安徽、江苏、四川等省区，保有石膏矿石储量各为10亿~35亿吨，共计保有储量160亿吨，占全国石膏矿石总保有储量的27%；河北、云南、广西、山西、陕西、河南、甘肃、广东、吉林9省区保有石膏矿石储量各为1亿~10亿吨，共计保有40亿吨，占全国石膏矿石总保有储量的7%；贵州、江西、辽宁、新疆4省、自治区保有石膏矿石储量各为0.4亿~1亿吨，共计保有3亿吨，为全国石膏矿石总保有储量的1%。

　　在保有储量的矿产地中，有34处（大型矿22处、中型矿4处、小型矿8处）近期难以利用，共计保有石膏矿石储量407亿吨，占全国石膏矿石总保有储量的71%。主要分布于山东省与盐共生的大汶口盆地石膏矿区，与自然硫共生的泰安市朱家庄石膏矿区及平邑盆地石膏矿区，这三处规模特大的石膏矿区保有近期难以利用的石膏矿石储量360多亿吨。其次分布于西藏、四川、安徽、广西、内蒙古、云南、河北等省、自治区。这些矿产地近期难以利用的原因是由于矿体埋藏深，或矿石品位低，或矿区地质与水文地质条件复杂，或矿区交通运输条件差，或矿山采选难度大等，以致近期利用其经济效益差。

　　已经开采利用的矿产地有67处（大型矿27处、中型矿15处、小型矿25处），共计保有石膏矿石储量72亿吨，主要分布于青海、江苏、山东、河北、陕西等省。可供近期利用的矿产地68处（大型矿30处、中型矿15处、小型矿23处），保有储量97亿吨，主要分布于内蒙古和宁夏，其次为河北、青海、安徽、河南、山西、广西、山东、湖南、云南等省、自治区。已利用和可供近期利用的矿产地共计有135处（大型矿57处、中型矿30处、小型矿48处），共计保有石膏矿石储量169亿吨，主要分布于内蒙古、

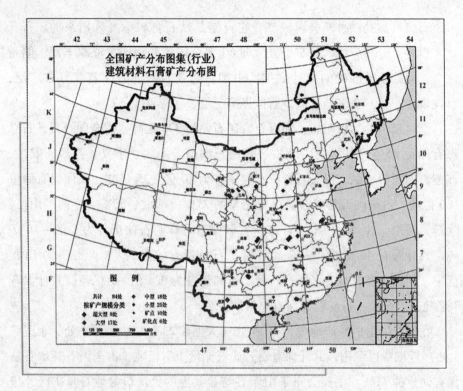

全国石膏矿产地分布图

青海、湖南、湖北、宁夏、山东、江苏7省、自治区，保有储量各为10亿~32亿吨；其次为河北、陕西、河南、安徽、云南、广西、甘肃、广东、吉林、四川、贵州12省、自治区，保有储量各为1亿~8亿吨，此外，江西、辽宁、新疆三省、自治区保有储量各为0.1亿~0.7亿吨。

在保有储量的矿产地中，已做过勘探地质工作的占26%，做过详查地质工作的占41%，只做过普查地质工作的占33%。已利用的矿产地中，做过勘探或详查地质工作的占82%；可供近期利用的矿产地中，已做过勘探或详查地质工作的占67%；近期难以利用的矿产地，一般只做过普查地质工作。

总的来说，中国石膏矿石保有储量充足，可以满足今后一段时期工业生产的需要。资源的优势在于储量大，相对集中，有利于大规模开采，形成石膏及其制品生产基地；但保有储量地理分布不均衡，新疆、辽宁、江西、贵州、吉林等省区可供近期利用的储量少，浙江、福建、海南、黑龙江等省尚无保有储量。上述缺膏、少膏地区需要积极开展找矿，以满足各地水泥和石膏建筑材料生产发展的需求。

从以上数据中，我们可以看出中国石膏矿具有以下几个特点：

（1）中国石膏矿的规模以大、中型为主，保有储量的矿产地中，大型矿占47%、中型矿占20%、小型矿占33%。总保有储量的98%以上分布于大型矿中，而中、小型矿的储量只占近2%。在大型矿中，有26处规模特大（储量大于2亿吨），其中规模最大的是山东大汶口盆地，与盐类矿共生的硬石膏矿石储量近300亿吨。在已利用和可供近期利用的矿产地中，大型矿占43%、中型矿占22%，小型矿占35%，保有储量94%以上集中于大型矿，中、小型矿只占5%。在已利用和可供近期利用的大型矿中，储量大于2亿吨规模特大的有16处，集中了总保有储量的71%。

（2）中国石膏矿石类型齐全，但优质矿石（纤维石膏）少。保有储量中，硬石膏类矿床矿石储量占60%，石膏类矿床矿石储量占40%（其中：纤维石膏占2%、普通石膏占20%，其余为泥质石膏、硬石膏及碳酸盐质石膏，占18%）；但在已利用和可供近期利用的矿产地中，则以石膏类矿床为主，占其保有储量的80%，硬石膏类矿床矿石储量只占其保有储量的20%。

（3）中国石膏矿床中占88%的为单一矿产，也有近20处矿产地石膏与盐类矿及硫、铁、铜、铅锌等矿共生。与盐类矿产共生规模最大的是山东大汶口盆地硬石膏矿，其次与钙芒硝共生的石膏或硬石膏矿分布于青海西宁、互助、平安和湖南衡阳、衡南及云南禄劝等地，四川农乐石膏矿共生杂卤石，与铁矿共生的硬石膏矿分布于河北武安、沙河和安徽庐江、马鞍山、濉溪及新疆哈密市库姆塔格等地，山东泰安朱家庄自然硫与石膏共生，安徽贵池东湖硬石膏与铜矿共生，云南兰坪石膏与铅锌矿共生，这些与其他矿产共生的石膏矿，已利用的很少。

（4）中国已利用和可供近期利用的石膏矿产地，交通运输条件一般较好，只有少数矿产地距铁路或水运线较远，矿区水文地质、工程地质条件多为简单—中等，部分矿床较复杂。有一些矿产地由于交通不便或矿区水文地质、工程地质条件复杂，因此，近期难以利用。

中国西部石膏矿一般矿层厚，埋藏浅，如甘肃、宁夏、青海的一些矿山宜于露天开采，云南、四川的一些矿山可以先露天开采，再转入地下开采；而中国中部和东部的石膏矿，一般埋藏较深，且多为薄层矿，需要地下开采，开采难度较大。

大理石

大理石，又称大理岩，是一种变质岩。因云南大理盛产这种矿石，所以被称为"大理石"。大理石有许多别名。在古代，大理石多被用作建筑物的柱础，故称为"础石"。又因其给人清新凉爽之感，也称"醒酒石"。此外，还有文石、凤凰石、榆石等称呼。

大理岩是由石灰岩、白云质灰岩、白云岩等碳酸盐岩石经区域变质作用和接触变质作用形成，方解石和白云石的含量一般大于 50%，有的可达 99%。但是除少数纯大理岩外，在一般大理岩中往往含有少量的其他变质矿物。由于原来岩石中所含的杂质种类不同（如硅质、泥质、碳质、铁质、火山碎屑物质等），以及变质作用的温度、压力和水溶液含量等的差

大理石桌

别，大理岩中伴生的矿物种类也不同。例如，由较纯的碳酸盐岩石形成的大理岩中，方解石和白云石占 90% 以上，有时可含有很少的石墨、白云母、磁铁矿、黄铁矿等，在低温高压条件下方解石可转变成文石；由含硅质的碳酸盐岩石形成的大理岩中，在中、低温时可含有滑石、透闪石、阳起石、石英等，在中、高温时可含有透辉石、斜方辉石、镁橄榄石、硅灰石、方镁石等，在高温低压条件下可出现粒硅钙石、钙镁橄榄石、镁黄长石等；

由含泥质的碳酸盐岩石形成的大理岩中，在中、低温时可含有蛇纹石、绿泥石、绿帘石、黝帘石、符山石、黑云母、酸性斜长石、微斜长石等，在中、高温时可含有方柱石、钙铝榴石、粒硅镁石、金云母、尖晶石、磷灰石、中基性斜长石、正长石等。

大理岩一般具有典型的粒状变晶结构，粒度一般为中、细粒，有时为粗粒，岩石中的方解石和白云石颗粒之间成紧密镶嵌结构。在某些区域变质作用形成的大理岩中，由于方解石的光轴成定向排列，使大理岩具有较强的透光性，如有的大理岩可透光2厘米，个别大理岩的透光性可达3~4厘米，它们是优良的雕刻材料。大理岩的构造多为块状构造，也有不少大理岩具有大小不等的条带、条纹、斑块或斑点等构造，它们经加工后便成为具有不同颜色和花纹图案的装饰建筑材料。

大理石除纯白色外，有的还具有各种美丽的颜色和花纹，常见的颜色有浅灰、浅红、浅黄、绿色、褐色、黑色等，产生不同颜色和花纹的主要原因是大理岩中含有少量的有色矿物和杂质，如含锰方解石组成的大理岩为粉红色，大理岩中含石墨为灰色，含蛇纹石为黄绿色，含绿泥石、阳起石和透辉石

盛产大理石的点苍山

为绿色，含金云母和粒硅镁石为黄色，含符山石和钙铝榴石为褐色等。

大理石分布很广，在世界各地前寒武纪的地质和地块中生代、古生代以后的变质活动作用的地区内均有出露。大理岩往往和其他的变质岩共生，有的呈厚度不等的夹层产出，有的则以大理岩为主夹杂其他的变质岩，厚度可达数百米。含有大理岩地层的同位素年龄距今最大可达37.6亿年。

中国大理石的产地遍布全国，其中以云南省大理点苍山为最著名，点

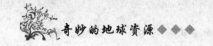

苍山大理岩具有各种颜色的山水画花纹，是名贵的雕刻和装饰材料。北京房山大理岩有白色和灰色两种。白色大理岩为细粒结构，质地均匀致密，称为汉白玉；浅灰色大理岩为中细粒结构，并具有各种浅灰色的细条纹状花纹，称为艾叶青。这两种均是优美的雕刻和建筑材料。广东云浮、福建屏南、江苏镇江、湖北大冶、四川南江、河南镇平、河北涿鹿、山东莱阳、辽宁连山关等地都产有各种大理岩。

大理石主要用作雕刻和建筑材料，雕刻用的主要是纯白色细均粒透光性强的大理岩，透光性强可以提高大理岩的光泽。常用于建造纪念碑、铺砌地面、墙面以及雕刻栏杆等。也用作桌面、石屏或其他装饰，这类用途根据不同的需要可以用纯白色结构均匀的大理岩，也可以用具有各种颜色和花纹的大理岩。大理岩还在电工材料中用作隔电板，这类大理岩要求绝缘性能好，不能含有杂质，尤其是黄铁矿、磁铁矿等导电杂质。含钙高的大理岩还可作为石灰和水泥原料等。

中国是使用大理岩最早和最多的国家之一，在公元前 12 世纪的殷代就有用大理岩雕刻的水牛，北京和全国各地许多著名的古代和现代建筑中都广泛使用了大理岩。天安门前的华表，故宫内的汉白玉栏杆及保和殿后面重达 250 吨的云龙石，人民英雄纪念碑的浮雕，人民大会堂门前的大石柱和宴会厅，北京地下铁道的车站等都是用大理岩装饰而成。

在西方，大理石也被人们广泛应用。大理岩软硬适中，便于铁器雕凿，且很坚韧，不易崩裂。西方人很早就用它来雕刻佛像、人物、动物、石碑、栏杆等。意大利西北部濒临地中海的卡拉拉，号称"世界大理石之都"，开采大理石矿已有 2000 多年的历史。世界上一些著名建筑物，如佛罗伦萨的大教堂、比萨斜塔、列宁格勒博物馆、纽约世界贸易中心等，几乎都有卡拉拉的大理石。

虽然大理岩的防水、防冷性能好，又比较致密坚固，但它不耐酸，很易受到酸的侵蚀。因此，被称为"空中死神"的酸雨，对由大理石构筑的世界文物造成严重的威胁，伦敦的大理石建筑曾因其上空的酸雾而剥落。

雄黄和雌黄

　　矿物世界中，经常会有两种以上的矿物共生在一起的现象。有一种含砷的硫化物，犹如一对鸳鸯，常常被人们发现共生在一个矿点上，它们就是雌黄和雄黄。正因为雄黄和雌黄犹如水中成双成对亲昵怡游的鸳鸯，所以被人们戏称为"鸳鸯矿物"。

雄　黄

　　雄黄是砷的硫化物，古称"铅黄""鸡冠石"，极少杂质。属单斜晶系，单晶体成柱状、针状，晶面具条文且显金刚光泽，断面呈油脂光泽，集合体粒状、晶簇状、块状。颜色鲜红或橙红色，条痕淡橘红色。一般不透明至半透明。具一组完全解理。长期受光照会变成橘红色粉末，所以西方人称雄黄为"矿粉"。雄黄燃烧时发出臭蒜味，空气中散发的烟雾能引起中毒。

　　世界上很多国家，如美国、罗马尼亚、瑞士、日本等国均产雄黄。中国是主要出产国之一，湖南石门雄黄矿所产晶体、晶簇，颜色鲜艳，造型优美，常与洁白透明的方解石共生，绚丽多姿，被国际矿物宝石界公认为是雄黄、雌黄晶体最好的产地。

　　国外产雄黄晶体 0.5~1.5 厘米长的就算粗大晶体，而石门雄黄晶体 1~3 厘米长的常见。6 厘米长的雄黄晶体售价在 1500 美元以上。1988 年 2 月在美国矿物及宝石珍品展览会上，一块 8 厘米长，5.5 厘米宽，3.5 厘米高，重 255.32 克的特大雄黄晶体，引起了轰动，这极为罕见的雄黄晶体，是曾在石门矿工作过的龚常章先生花费半个月时间凿挖出来的，珍藏 20 年后，献给了北京大学地质系陈列馆。

我国很早就发现和利用雄黄。史书记载公元500年前后，我们的祖先就会用黄连、雄黄、汞配置医治痈疽的药膏。古人在端午节喝雄黄酒，据说可以"活血祛邪"。那么，人们为什么要在端午节喝雄黄酒呢？这里还有一个传说呢！

传说屈原投江之后，屈原家乡的人们为了不让蛟龙吃掉屈原的遗体，纷纷把粽子、咸蛋抛入江中。一位老医生拿来一坛雄黄酒倒入江中，说是可以药晕鱼龙，保护屈原。一会儿，水面果真浮起一条蛟龙。于是，人们把这条蛟龙扯上岸，抽其筋，剥其皮，之后又把龙筋缠在孩子们的手腕和脖子上，再用雄黄酒抹七窍，以为这样便可以使孩子们免受虫蛇伤害。据说这就是端午节饮雄黄酒的来历。至今，我国不少地方都有喝雄黄酒的习惯。

屈　原

端午节这天，人们把雄黄倒入酒中饮用，并把雄黄酒涂在小孩儿的耳、鼻、额头、手、足等处，希望如此能够使孩子们不受蛇虫的伤害。汪曾祺《端午节的鸭蛋》中说："喝雄黄酒。用酒和的雄黄在孩子的额头上画一个王字，这是很多地方都有的。"

现代科学证明，雄黄的主要成分是硫化砷，砷是提炼砒霜的主要原料，喝雄黄酒等于吃砒霜；雄黄含有较强的致癌物质，即使小剂量服用，也会对肝脏造成伤害；雄黄具有腐蚀作用。因此，服用雄黄极易使人中毒，轻者出现恶心、呕吐、腹泻等症状，甚至出现中枢神经系统麻痹，意识模糊、昏迷等，重者则会致人死亡。不过，雄黄酒少量饮用，可治惊痫、疮毒等，但是一定要经医生指示，并遵古法泡制的雄黄酒才能喝。

雌黄的化学成分是三硫化二砷，呈略带绿的柠檬黄色。人们可以根据不同的颜色区别雌雄，但雄黄受长时间的光照射后会直接转变成雌黄。雌黄在医药上的功效与雄黄相仿。雌黄量较少，价格比雄黄贵，常用作高级颜料。

我们都知道"信口雌黄"这个成语，这里的"雌黄"就是雌黄矿物。"信口雌黄"这句成语的意思是有些人不顾事实，随便乱说，信口二字人们容易明白，是随口说话，但为何与一个矿物名字——雌黄联在一起呢？原来，在古时人们写字时用的是黄纸，如果把字写错了，用这种矿物涂一涂，就可以重写，所以，成语的源由就出于此。

与"信口雌黄"相近的一个成语叫"口中雌黄"。这两个成语的意思是一样的。"口中雌黄"原于《晋书王衍传》。王衍是东晋人，有名的清谈家。他喜欢老庄学说，每天谈的多半是老庄玄理。但是往往前后矛盾，漏洞百出，别人指出他的错误或提出质疑，他也满不在乎，甚至不假思索，随口更改。于是当时人说他是"口中雌黄"。《颜氏家训》中也有"观天下书未遍，不得妄下雌黄"之论。这就是这则成语的来源。

磷 矿

磷的着火点很低，只有40℃，所以在夏天的时候，人们常常可以看到磷火。以前，由于民间不知磷火的成因，只知这种火焰多出现在有死人的地方，而且忽隐忽现，因此称这种神秘的火焰作"鬼火"，认为是不祥之兆，是鬼魂作祟的现象。

其实，世界各地都有关于鬼火的传说，例如，在爱尔兰，鬼火就衍生为后来的万圣节南瓜灯，安徒生的童话中也有以鬼火为题的故事《鬼火进城了》。据说当德国炼金术士勃兰德在1669年发现磷后，就用了希腊文的"鬼火"来命名这种物质。

中国对鬼火的传说也很多，清朝蒲松龄所写《聊斋志异》中就经常提及鬼火，而民间则认为是阎罗王出现的鬼灯笼。然而早于南宋已有人明白

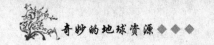

磷质和鬼火出现间的关系，例如，南宋陆游《老学庵笔记·卷四》："予年十余岁时，见郊野间鬼火至多，麦苗稻穗之杪往往出火，色正青，俄复不见。盖是时去兵乱未久，所谓人血为磷者，信不妄也。今则绝不复见，见者辄以为怪矣。"清代纪昀《阅微草堂笔记·第九卷》更直接写道："磷为鬼火。"

日本传说中的鬼怪，亦多有描述鬼火，在绘画这些鬼怪（尤其是夏天出没的鬼怪）的时候经常会画几团鬼火在旁边。

难道真是"鬼火"吗？真的是死人的阴魂吗？不是的，人死了，人的一切活动也都停止了。根本不存在什么脱离身躯的灵魂。"鬼火"实际上是磷火，是一种很普通的自然现象。它是这样形成的：人体内部，除绝大部分是由碳、氢、氧三种元素组成外，还含有其他一些元素，如磷、硫、铁等。人体的骨骼里含有较多的磷化钙。人死了，躯体里埋在地下腐烂，发生着各种化学反应。磷由磷酸根状态转化为磷化氢。磷化氢是一种气体物质，燃点很低，在常温下与空气接触便会燃烧起来。磷化氢产生之后沿着地下的裂痕或孔洞冒出到空气中燃烧发出蓝色的光，这就是磷火，也就是人们所说的"鬼火"。

"鬼火"为什么多见于盛夏之夜呢？这是因为盛夏天气炎热，温度很高，化学反应速度加快，磷化氢易于形成。由于气温高，磷化氢也易于自燃。

那为什么"鬼火"还会追着人"走动"呢？大家知道，在夜间，特别是没有风的时候，空气一般是静止不动的。由于磷火很轻，如果有风或人经过时带动空气流动，磷火也就会跟着空气一起飘动，甚至伴随人的步子，你慢它也慢，你快它也快；当你停下来时，由于没有任何力量来带动空气，所以空气也就停止不动了，"鬼火"自然也就停下来了。这种现象决不是什么"鬼火追人"。

其实，不单单有坟墓的地方会出现"鬼火"，只要是有磷存在的地方，都有可能出现鬼火。四川的青城山在夏天的时候就常常出现这些所谓的"鬼火"。有"天下幽"美誉的青城山蕴藏着磷矿。当磷矿露出地面，被土壤里的细菌分解成磷化氢气体，遇空气自燃时，会发出绿荧荧的光，有人叫它"鬼火"或"鬼灯"。

磷矿是重要的化工矿物原料。磷化工包括磷肥工业、黄磷及磷化物工业、磷酸及磷酸盐工业、有机磷化物工业、含磷农药及医药工业等等。世界上磷矿石的消费结构中约80%用于农业，其余的用于提取黄磷、磷酸及制造其他磷酸盐系列产品。自然界含磷矿物很多，有工业利用价值的主要是磷酸钙，即磷灰石。由于磷灰石很难溶解于水，即使把它磨细撒到田里，植物也不大能吸收，因此不能直接施用。必须把磷矿粉加上硫酸，转变成过磷酸钙才能当肥料。三大肥料之一的磷肥，既能促进种子发芽生根，加速植物的生长；又可增强植物抗旱、御寒、耐热、抵抗虫害的能力。

磷化工产品在工业、国防、尖端科学和人民生活中也已被普遍应用。除了在农业中用作磷肥、含磷农药、家禽和牲畜的饲料以外，在洗涤剂、冶金、机械、选矿、钻井、电镀、颜料、涂料、纺织、印染、制革、医药、食品、玻璃、陶瓷、搪瓷、水处理、耐火材料、建筑材料、日用化工、造纸、弹药、阻燃及灭火等方面广泛使用。随着科技的发展，高纯度及特种功能磷化工产品在尖端科学、国防工业等方面被进一步的推广应用，出现了大量新产品，如：电子电气材料、传感元件材料、离子交换剂、催化剂、人工生物材料、太阳能电池材料、光学材料等等。由于磷化工产品不断向更多的产业部门渗透，特别是在尖端科学和新兴产业部门中的应用，使磷化工成为国民经济中的一个重要的产业。磷化工产品在人们的衣、食、住、行各个领域，发挥着越来越重要的作用。

磷在生命起源、进化及生物生存、繁殖中，都起着不可缺少

磷肥是作物的三大肥料之一

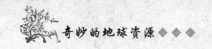

的作用。人体含有1%的磷，存在于细胞、血液、牙齿和骨骼中。脑磷脂还供给大脑活动所需的巨大能量，所以有人称"磷是思维的元素"。

磷块岩颜色呈灰白或黄白，貌不出众，很难与普通石头区别开来。找矿人员要随身带上钼酸铵溶液，滴在石头上观察反应后的颜色，若有黄色反应才能确认是磷矿石。民间有一种简便的鉴别法：将石粉放在火上烧，如果出现绿色的火花，就可断定是磷矿石。我国地质工作者曾用这种方法找到了几个工业价值可观的矿床。

岩浆岩和沉积岩中都含有磷，当这些岩石风化分解后，其中的磷易被富含二氧化碳和有机酸的地表水溶解，并陆续搬运到浅海盆地中去。在水盆地中加上生物作用（鱼、虾、贝类吸收大量磷质），便慢慢富集起来，逐渐沉积成磷矿床。

古代海洋里沉积生成的磷块岩矿床约占世界磷矿床总储量的80%。我国云南的昆阳磷矿、贵州的开阳磷矿、江西的朝阳磷矿均属这种类型。

我国磷矿资源比较丰富，已探明的资源储量仅次于摩洛哥和美国，居世界第三位。云南、贵州、四川、湖北和湖南五省是我国主要磷矿资源储藏地区，储量达98.6亿吨，占全国总储量的74.5%。